野戰戰略用兵方法論

◎胡敏遠

推薦序

　　從知識發展的歷史來看，任何學科都有著自己的知識系譜，該知識的內涵又會從縱的與橫的向度連接屬於自己的思想與理論，不斷地發展出自己的知識體系。事實上，軍事學的起源非常早，如同本書開宗明義寫著「自有人類，即有戰爭」，一語道破軍事學是伴隨人類發展而來的學問。然而，自古以來軍事學的思想與論述卻因「兵凶戰危」之故，大多被限定為軍人的專業。在很長的一段時間裡，國內的相關的研究社群，大多仍侷限於軍事的專業性質，以至於軍事研究仍然設定在軍事單位內進行，致使軍事學思想、理論與知識體系的發展大受限制。

　　近幾十年來，西方國家軍事學的發展，因受二戰後的國際局勢變遷、軍事科技的快速發展和軍事事務革命（RMA）的影響下，各方面論著相當的多，其知識體系的建立也如其他學科一樣，正不斷地向外擴溢。近十年來，軍事學術的研究風潮在不斷開放社會的推波助瀾

下，逐漸地與各個學術界接軌，從而帶動了軍事研究的多元樣貌。

　　國防大學軍事學院戰略學部野略組胡敏遠上校所著之《野戰戰略用兵方法論》，是一部有關大軍指揮與用兵的軍事書籍。此書的性質是屬於兵學研究的方法論，為了讓讀者對兵學知識有初步的認識，胡上校是以國軍「野戰戰略」用兵觀念作為研究對象。當然，野戰戰略用兵的謀略是人類知識體系的一部分，因此「野戰戰略」的思想亦是屬於軍事學知識體系的一部分，有其獨特的性質，理當要發展出屬於自己的研究方法，以解決軍事用兵與指揮上的問題。

　　《野戰戰略用兵方法論》作為解決用兵問題的工具書，也是國防大學內部有關兵學研究的基礎性書籍，其中敘述了有關我國「大軍用兵」的一般性知識，也對用兵的思考與使用謀略的思維方法有著詳盡的說明，同時，它也試圖將兵學的研究方法與社會科學的研究方法相連接，使讀者能夠深切地體認到兵學研究的「獨特性」與「普遍性」。以上的焦點構成了此書發展的核心，我們希望透過此書的出版，在日益開放與多元化的社會中，軍事研究能與各個社會學科進行交流，激發出更多

新的思考，幫助人們撥開「戰爭之霧」，以使我國軍事
研究的水準能夠不斷地創新與進步。

國立政治大學東亞所教授兼國際事務學院院長
李英明

序

　　戰爭理論與用兵方法的研究，早已存在於東、西方軍事知識的洪流之中。諸如克勞塞維茲的《戰爭論》、約米尼的《戰爭藝術》、李德哈達的《戰略論》、富勒的《戰爭指導》、薄富爾的《戰略緒論》，以及西方四大名將漢尼拔、凱撒、亞歷山大、拿破崙的《嘉言選集》等，這些歷代兵學名家立功、立言的經典，至今仍為後輩學子諄諄謹守的教本。而東方的兵學理論如我國的《武經七書》，代表著中國傳統兵學的博大精深，其中《孫子兵法》更為東、西方兵學家讚不絕口的兵學鉅著。

　　近百年來，隨著美、歐國家高科技武器不斷地發展進步，其戰爭理論也隨之大幅地改革創新。然而，東方國家卻僅能亦步亦趨地追隨著西方科技的腳步前進，一味模仿的結果，僅是學習到所謂「船堅礮利」的表面工作，對於實質的戰略文化，大多不能完全內化為自身的知識，亦造成東方兵學理論的遲滯不前。

近二十年來，中共軍方為倡導軍事知識的復甦，大力投資於軍事方面的研究，並獲得相當豐碩的成果。中共軍事理論的建構與發展，提供了中共軍事現代化的科學性與合法性，也提供了一套首尾一貫的**戰爭認識**與**行動原則**。在作戰與用兵方面，中共已建構出一套屬於自己的兵學知識體系，雖然其內容仍保有一些樣板式的「馬列主義教條」，或刻意強調國共內戰期間共軍的戰果。不可否認的是，在整體兵學的知識體系上，中共已融合了中國自古以來既存的兵學思想與戰爭中的一些經驗規律，並揉合中、西方兵學思想的差異性，自成一套屬於自己的戰爭觀與方法論。

　　反觀國內，近來國內軍事研究也有一番新的景象，對新的作戰型態、軍事事務革命與兵學理論也有所關注，然這些研究尚不能形成氣候，或凝聚出一股兵學的研究社群。職是之故，作者想藉拋磚引玉之效，激起國內對兵學有興趣的學者，能一同共襄盛舉，重新研究與創新國軍「野戰戰略」的用兵方法，以期能發揚光大之，此乃本書研究的主要動機。

　　然而，從事任何學科的研究，必須有一套完整的認識論與方法論，才能逐步地建構出該學科的知識體系。

尤為重要的，一切知識的建構，其根源在於「人」對客觀現象的認識過程，所以「認識」是研究任何學問的基礎。本書旨在研究大軍的用兵方法，希望藉由本書的架構，能為野戰用兵的方法提出啟發性的思維。本書先從「大軍用兵」的思想與方法入手，將「野戰用兵」的概念、定義與學科體系，做一個概觀性的介紹。再從兩個主要層面來研析用兵的方法：第一層面是有關用兵的研究途徑，包括方法論及各種獲得「野戰戰略」用兵知識的研究途徑說明；第二層面是有關「大軍用兵」的理論與方法，包括：「速決作戰與持久作戰」、「攻勢作戰與守勢作戰」、「內線作戰與外線作戰」及「補給線的運用」等。最後，以現代戰爭的總體發展研析未來的用兵方法。

本書結構除第一章導論外，共分為三個部分，第一部為「野戰戰略學的研究途徑」；第二部為「野略用兵的理論與方法」；第三部為「未來的野戰戰略」。各章重點分述如后：

第一章〈導論：認識大軍野戰用兵〉，介紹「野戰戰略」學科體系的認識，主要內容包括「野戰戰略」的概念、定義與兵學的學科體系。

第一部：「野戰戰略學的研究途徑」，共分為三章，包括：第二章〈野戰戰略的思想起源〉，主要是研析野戰用兵思想的發展，並且探討中、西方戰略思想對用兵方法的影響。第三章〈野戰戰略的研究〉，提供了各種用兵的研究途徑，並將社會科學的方法論運用到兵學的知識體系內。第四章〈野戰戰略的用兵思維邏輯〉，是以「用兵思維」結合「戰史資料」來探討野戰戰略用兵的方法與要領。

　　第二部：「野略用兵的理論與方法」，共分為四章，包括：第五章〈速決作戰與持久作戰〉，主在說明速決或持久作戰的決定與國家戰略、政治戰略有密切的關聯性。第六章〈攻勢作戰與守勢作戰〉，是以克勞塞茲的攻／守勢觀點，來分析戰場中攻勢作戰與守勢作戰的用兵要領。第七章〈內線作戰與外線作戰〉，藉時間、空間與戰力的分合與運用，研究內線與外線作戰的要領。第八章〈戰爭中補給線的運用〉，探討傳統與現代戰爭中，補給線在作戰中的地位、角色及其運用方式。

　　第三部：「未來的野戰戰略」探討高科技戰爭中用兵方式的未來發展，共分為二章，包括：第九章〈改變

野略用兵方法的因素〉，提出戰爭目的的演變以及高科技武器的發明，對未來用兵方法上可能造成的衝擊因子。第十章是〈野戰戰略的未來發展趨勢〉，本章研判未來「野略用兵」的趨勢，同時以此發展趨勢，作為本書的結論。

為使本書能夠聚焦在用兵思想與方法上的研究，必須針對政治與軍事的關聯性有所限制，否則探討用兵理論，即會出現諸多政治與軍事無法相融合的現象。基於此，本書研究的假定事項：「野略用兵」的目的是為獲取勝利、屈服敵人，以支持軍事及國家戰略的達成。至於如何以軍事達成政治戰略的其他目標（例如經濟、財力、社會、心理、戰地政務……等），則不在本書研究範圍內。

除此之外，本書另一個限制因素在於用兵方法的上層結構問題。依據我國戰略體系的架構，「野戰戰略」的層級是架構在「軍事戰略」之下，並接受「軍事戰略」的指導，「軍事戰略」的主要內涵為：「建軍」、「備戰」與「跨戰區的用兵」。其中，「建軍」著眼於如何建構一支武裝力量，以應付未來較長時間國家可能遭受的威脅。「備戰」是如何充實各項訓練與各種軍須物資

的籌劃以增長戰力。「跨戰區用兵」為如何運用武裝力量的問題。故「野戰戰略」的用兵方式或思想，亦必須依「軍事戰略」的內涵為依歸。

因此，本書希望能夠回答以下問題：首先，什麼是「野略用兵方法」？其重要性如何？其次，要用什麼途徑來認識「野略用兵」？再次，「野略用兵方法」的思維邏輯為何？最後，用兵理論與方法如何隨科技武器的創新而演變？上述各項命題會在本書各章中，呈現所欲求的答案，希望能為國內有興趣的研究者，提供一個清晰的兵學面貌。

胡敏遠　謹識

目錄

導論：認識大軍野戰用兵

　　自有人類，即有戰爭。戰爭勝負最終取決於武力戰，武力戰的輸贏依靠武裝部隊（大軍作戰）的適切運用。**國軍軍事思想對所謂「大軍用兵」，是以「野戰戰略」**（以下或稱「野略」）**一詞作為表徵。**大軍作戰的用兵層級可分為**戰術**與**戰略**二個階層：戰術層級以師、旅、營級為主；**戰略層級則是指能夠遂行獨立作戰（通常為軍級以上階層）的「大部隊」。**本書所指「大軍❶」是指「戰略層級」的用兵方法，至於「**戰術層級**」的討論則儘量不涉及，以符合本書「大軍」之意。

　　所謂的「大軍用兵」，主要講的是「如何運用一支『大部隊』作戰」。「大軍用兵」是一個操作性的概念；而「野戰戰略」即是一套具體說明的用兵方法與兵學思想。故本書所指的「大軍用兵」就其知識論與方法論而

言，實際上即是「野戰戰略」之意。在戰爭的實踐中，「野戰戰略」作為一套兵學思想與用兵的方法，亦作為指導戰爭實踐的依據。然而，指導的依據會隨著時間、作戰環境與科技武器的演變，持續推動思想與方法的轉變。因此，**「野戰戰略」的用兵方法是一個不斷地在「理論－實踐－新理論－新實踐……」**的發展過程中成長，此一過程成為一個持續循環的辯證發展。因此本章先從「野戰戰略」用兵的思想與方法入手，將「野戰用兵」的概念、定義與學科體系，做一個概觀性的介紹。

第一節　野戰戰略的本質

古代的「野戰」意涵

　　研究「野戰戰略」必須先正本清源，對「野戰」二字有明確的交待，才能明瞭「野戰戰略」的真正涵義。「野戰」一詞中，所謂的「野」，乃指人居所以外的地方，稱之為「野」，❷「野戰」一詞出自於中國的古籍之

中，例如《武經七書》中的《六韜》〈龍韜篇勵軍第二十三〉，武王問公曰：「吾欲三軍之眾，攻城爭先登，野戰爭先赴，聞金聲而怒，聞鼓聲而喜，爲之奈何？」；《史記》〈廉頗藺相如列傳〉，廉頗曰：「我爲趙將，有攻城野戰之功」；《戰國策》〈魏策〉：「是趙存而我亡也，趙安而我危也。則上有野戰之氣，下有堅守之心，臣恐趙之益勁也。」是故，「野戰」一詞在我國戰爭的歷史上，記載在古代兵書之中，已超過兩千年以上。

在中國古代的作戰方式中，野戰用兵的方式如何運用？歷史上所謂的「野戰」，是雙方以方陣對攻，或是以一攻一守的形式進行作戰。方陣是以相同的間距、整齊的動作運行，一旦間距不整齊或隊形不齊，陣勢就會出現混亂，即容易出現敗局。所以，雙方都極力穩住自己的方陣，互相對攻，或運用一攻一守、相機反攻的形式進行交鋒，這種作戰形式即是古代野戰用兵的形式。

由於，古代用兵大多離開城池作戰，所以《孫子兵法》中才有「速戰速決」的主張，孫子認爲攻城是不利的，所謂「攻城則力屈」，在戰爭中有時雖不免要進行攻城戰，但這是不得已的。他主張調動敵人脫離城池，

進行野戰。❸事實上，初期野戰的用兵方式，只是離開城池，雙方對陣於城池外的直接械鬥行為，因而彼此都沒有明顯現代野戰用兵所應具有的特點。到了近代步兵、騎兵與砲兵的出現後，「野戰用兵」才有了明顯的樣式與特徵。❹

「野戰戰略研究」的緣起

　　「野戰戰略」（Field Strategy）在西方的真正意涵為「用兵的戰略」；德、法兩軍稱之為「作戰戰略」（Operative Strategy）；二戰中艾森豪將軍創用「戰區戰略」（Theater Strategy）一詞。前三軍大學校長余伯泉將軍鑑於德、法兩國所稱之「作戰戰略」一詞，為任何階層作戰行為之泛稱，上自大兵團之戰略運動、下至小部隊之戰鬥均可稱之為「作戰戰略」，其意義太過於廣泛，易使「略」一詞，與「術」、「鬥」層面混淆不清。而「戰區戰略」固可用之於戰區，但亦可用之於「軍事戰略」階層，乃至統帥階層策劃戰爭指導以及建軍備戰之依據，其涵義又過於模糊。於是，余將軍乃將「大軍用兵」的階層定位為「野戰戰略」。

國軍的兵學理論與用兵方法，雖從民國十三年黃埔建軍起即已存在，然在大陸時期，由於各派系軍閥林立，各個派系使用的武器裝備不盡相同，使得全軍一直無法獲得一致的兵學思想與用兵方法。國軍遷台後，先總統蔣公有感於過去作戰失敗的教訓，為使全軍官兵的軍事思想能獲致統一，於是開始著手研究野戰用兵的戰略、戰術思想與方法。民國54年，前三軍大學校長余伯泉將軍奉蔣公之命開始著手研究，[5]並於當年發展出「野戰軍戰略之研究」，隨即於當年開始在三軍大學戰爭學院講授，[6]至民國59年該課程發展完成，同時正式命名為「野戰戰略」。[7]

余將軍編纂的「野戰戰略」課程，是參考19世紀歐洲的戰爭歷史、二次大戰期間盟軍在歐洲的作戰經驗，融合我國固有的兵學思想為基礎，並運用余將軍在英、美國家所習得的知識背景，融會而成的理論。事實上，「野戰戰略」的定位實包含兩種意涵：一是沿襲我國古代「大軍用兵」的名稱；二則在實踐上，亦同於西方國家的「戰區戰略」、「作戰戰略」或「作戰中的藝術」。

從「野戰戰略研究」的發展過程來看，「野戰戰略」課程是屬於我國軍事學院「戰略教育」的層級，授課對

象以國軍將校軍官為主。至於「野略」的教材、內容與教學方式，則是參照美國哈佛大學商學院（企管所）個案研究的教學方式，摘取歷史上重大的軍事問題與典型的作戰指導所編成的教材。

第二節　野戰戰略的概念、定義及內涵

關於「野戰戰略」的幾個概念

　　研究「野戰戰略」的思維邏輯，是為獲得大軍指揮與作戰實務的知識與方法。「野戰戰略」是一門最能體現戰爭本質的學科；亦是一門為解決在戰場上敵我對抗矛盾問題的知識。因之，**研究者必須體認到，「野戰戰略」具有多層次的研究性質**。

　　首先，「野戰戰略」的**知識論**是屬於用兵理論中的上層結構，從此一概念向下推展，伴隨而至的是將用兵理論體系予以系統化的用兵研究方法，再隨方法論的推展，使兵學研究可具備一定的程序與步驟。

其次，「野戰戰略」是「軍事戰略」的用兵範疇，具有達成軍事目標的工具性角色。而所謂「工具性的知識」，**指的是針對當前問題的思考與操作，並著眼於如何解決目前所遭遇的困境。**❽

再次，「野戰戰略」的產生亦是歷史的發展過程，古代戰爭受制於軍隊規模小、武器裝備簡單、戰場的時空距離有限，致使兵學理論多散於一些兵書戰法之中，無法自成體系。隨著戰爭規模不斷擴大，以及科技武器的推陳出新，兵學的知識體系自19世紀起，逐漸成為一門獨立發展的學科。❾二次大戰以後，特別是20世紀80年代之後，隨著高科技武器的不斷發展，戰爭型態與作戰方式也一直有所改變，使得戰爭思想產生了深刻的變化，同樣也使「用兵理論」變得越來越複雜。要完全理解「野戰戰略」的概念，還必須將其思想的發展置於歷史的洪流發展中，才能一窺全貌。

「野戰戰略」既然屬於戰場上應用的學科，然在戰場客觀的環境中，由於敵情狀況始終存有不確定性與隱密性，致使用兵指揮官必須常常藉助靈感與戰略預見等先天潛在能力，以輔助理論在實際運用中的不足之處。故「野略」是一門橫跨軍事社會科學、軍事科學與用兵

藝術（用兵哲學）的學科。

國軍「野戰戰略」的定義

對一個軍事用語而言，能有一個明確的定義非常重要。故「戰略」一詞的內涵，必須從《國軍軍語辭典》對「野戰戰略」的定義來看，才能理解國軍「野戰戰略」的意義：「『野略』為運用野戰兵力，創造與運用有利狀況以支持『軍事戰略』之藝術，俾得在爭取戰役目標或從事決戰時，能獲得最大之成功公算與有利之效果。」[10]

「野戰戰略」是「軍事戰略」中用兵思想的主體，運用的要旨主要在於「造勢」與「用勢」的作戰指導。[11]「野戰戰略」的功能是為了在戰爭的實踐中，作為指導的依據。從定義得知，**「野略」的內容包括野戰軍的力量、手段、企圖與目的**。就力量而言，所謂野戰兵力的運用，是依據戰爭發展的狀況，由戰區指揮官審慎算計與評量後，向國防部提出兵力需求計畫，爾後再由戰區指揮官統籌運用的「兵力」。在手段方面，是將「用兵的對象與環境」，視為一個變動的「客體」，用兵的主體則

可靈活運用主觀意識的能動性及野戰戰略的用兵知識，創造出有利的戰略態勢，遂行作戰任務。在企圖方面，它是以支持「軍事戰略」的達成作為主要目標。「野略」的任務是在「軍事戰略」的指導下，服從於「軍事戰略」的指揮。在目的方面，「野略」的目標以達成「戰役目標」與「會戰成功公算」為主要考量。而會戰的遂行是敵我雙方在一個有限場域（或陣線上），為運用智慧、力量與謀略的一種藝術。

　　顯而易見，「野戰戰略」的思想與方法，是將其定位在「軍事戰略」的層級中，使得此一戰略的目的，得以與政治目標及軍事目標相結合。另外，「野戰戰略」的重點是強調「創造與運用有利的狀況」，這正是「野戰戰略」思想中最為精華的部分，也是「用兵藝術化」的極致表現。

第三節　野戰戰略的學科體系

兵學學科體系與社會科學

　　我們應該要注意到，探討「野戰戰略」的研究對象之前，必須先行瞭解「野戰戰略」的知識屬性，及其在整個社會科學領域中到底屬於那一個層級。一般咸認，人類知識體系最高階層為神學，接續為哲學（包括基礎哲學與應用哲學），哲學之下為科學，科學又區分為自然科學與社會科學兩大部分。神學研究的範圍與對象，主要是探討宇宙（大自然）與人之間的關係。哲學的研究對象，則是整個自然界、社會界和人的思維活動，其任務是在解決人類知識世界的問題，進而提升人們對於世界觀和方法論的認識。[12]

　　而社會科學則是以「科學」的方法，研究人類行為、人際關係及人類與其他生存環境之間的關係，從而分類出政治學、人類學、經濟學、社會學、歷史學、心

理學等六門主要不同的學科（亦有學者主張將地理學與法學也納入社會科學）。[13]順著上述對「學」的認識，即可瞭解「軍事科學」與「兵學」在科學知識體系中的層級，及其與其他學科的關聯性。簡言之，軍事科學的上層結構爲軍事哲學，而其內容涵蓋了軍事自然科學與軍事社會科學兩個領域。而兵學的研究則包含在軍事社會科學的範圍內（如表1-1）。

兵學研究的區分

兵學的基礎研究可分爲兩個層面：首先爲思想層面，範圍屬於文化層次的探討，是兵學知識來源的追溯，以及如何理解該兵學的思維方法，例如軍事思想的研究、戰爭源起的探討等；其次，有關兵學理論建構層面，是屬於方法論的知識，同時也是讓此一基礎學科與其他社會科學學科相互接軌的途徑，例如：軍事研究的認識論與方法論、兵學研究的方法學（包括戰役學、戰術學、野戰戰略學等）均屬之。至於兵學應用研究其界定概述：凡與作戰戰鬥行爲（包含戰役、戰術與戰技層面）有關的研究。（如表1-2）

表1-1　軍事（基礎與應用）研究區分表

研究類型	軍事社會科學	軍事自然科學	軍事科學哲學
基礎研究	1.軍事理論研究 2.軍事思想研究 3.戰爭研究 4.戰史研究 5.戰略研究 6.軍事地理研究 7.軍事心理研究 8.兵學藝術研究	1.軍事物理研究 2.軍事化學研究	1.軍事哲學研究 2.軍事邏輯研究 3.兵學（戰爭） 　哲學研究
應用研究	1.軍事指揮決策研究 2.軍事作戰研究 3.軍事效能研究 4.軍事安全研究 5.軍事組織編裝研究 6.軍事訓練研究 7.軍事教育研究 8.軍事謀略研究	1.軍事機械工程研究 2.軍事醫學研究 3.軍事航太研究 4.軍事訊息研究 5.軍事技術研究 6.軍事武器系統研究	

資料來源：陳偉華，軍事研究方法論（桃園：國防大學出版社，民國
　　　　　92年），頁37。

　　然而，兵學的應用研究與基礎研究仍保有緊密的鈕帶
關係，而非一刀兩斷、彼此毫無相干的知識體系。因為，

表1-2 兵學研究區分表

兵學研究類型區分	基礎研究	1.兵法研究（如《孫子兵法》、《武經七書》、《戰爭論》、《戰略論》、《戰爭中的藝術》……等研究）。 2. 戰爭理論研究。 3. 戰役學研究。 4. 謀略學研究。 5. 野戰戰略學、戰術學……等研究。 6. 兵學理論研究（例如各種作戰準則）。 7. 兵學藝術（戰爭哲學）研究。
	應用研究	1. 戰爭指導研究。 2.用兵謀略研究（如《孫子兵法的應用之道》、《超限戰》……等研究）。 3. 戰史的個案研究。 4. 戰爭決策機制研究。 5. 作戰指揮機制研究。 6. 資訊戰略研究。 7. 現代戰爭作戰型態研究。 8. 台澎防衛作戰研究。

資料來源：作者自製。

任何的應用研究必須扣緊與該學科的知識起源與該學科的研究方法論，才能使應用研究有所依據，否則必然會使該研究淪為「無的放矢」的窘境。而從軍事科學的角

度來看「野戰戰略」的知識體系，將可以確立的幾個問題：第一，「野戰戰略」從屬在軍事科學的兵學研究的基礎科學研究，它包含了該學科原有的思想與理論；第二，「野戰戰略」的研究取向，是以「克敵制勝」為主要目標，其任務則是在發覺作戰中的用兵規律、判明戰場的發展趨勢，以此指導未來的戰役發展，確保「勝兵先勝」的目標。

本章小結

學習「野戰戰略」，必須熟讀各種兵書，並深黯客觀環境與科技武器的變化，才能使「用兵的方法」與時俱進。明乎此，吾人有必要將現有的用兵思想、理論與現實環境的發展現況相互結合，並仔細揣摩未來戰爭的發展趨勢，才能完整地認識「大軍用兵」的方法。

基於此，要瞭解「野戰戰略」的概念，必須深刻體會它的功能，**「野戰戰略」是要不斷地從戰爭的實踐經驗中，揭示戰爭發展與運作的規律，研究作戰指揮的實際功能，以解決戰爭中敵我對抗所出現的矛盾問題。**吾人必須瞭解，「野戰戰略」的使命，不僅是用來提供用兵者在

戰場上的操作依據，更是承繼了兵學知識未來賡續發展的責任。

▋▋註釋

❶本書所指的「大軍」是指：陸軍獨立作戰以上之大部隊、海軍特遣艦隊、空軍航空師或兩個（含）以上聯隊所編組之部隊。就國軍防衛作戰言，為獨立遂行某一地區防衛作戰任務之作戰區或防衛部。大軍之編成，通常轄有若干戰略基本單位及所要之戰鬥支援及勤務支援部隊。詳閱：《國軍軍語辭典》（台北：國防部頒，2000年11月），頁2-4。

❷周何主編，《國語活用辭典》（台北：五南出版社，2001年），頁1800。

❸孫繼章，《戰役學基礎》（北京：國防大學出版社，1990年），頁94。

❹孫繼章，《戰役學基礎》，頁95。

❺余伯泉將軍於民國54年調任三軍大學校長時，即接奉先總統蔣公手諭：「研究如何統一國軍軍事思想具報」，乃編組專案小組展開研究，此研究報告由余將軍親自指導撰寫於民國56年12月完成，並於國軍第十三屆軍事會議作專題報告，名為「統一軍事思想之研究」。參閱，國防部編，《國防部聯合作戰研究委員會會史》（台北：國防部，1970年2月），頁30、33、48-50。

❻余伯泉，《兵學言論集》（台北：三軍大學，1974年10月），頁

1-14。

❼汪國禎，《余伯泉將軍與其軍事思想》（台北：中華戰略學會
出版社，2002年12月），頁137。

❽陳偉華，《軍事研究方法論》（桃園：國防大學出版社，2003
年10月），頁36。

❾19世紀以來，歐洲受因於拿破崙時期大規模戰爭的出現，加上
工業革命所帶來的科技與武器創新的推波助瀾下，使得戰爭的
規模與戰爭型態都隨之改變，歐洲各國為因應國防安全的需
要，無不積極擴建軍隊，發展新型的戰具與戰法，因而創造出
無數的兵學名家的理論著述，例如克勞塞維茲的《戰爭論》、
約米尼的《戰爭藝術》、富勒的《戰爭指導》、薄富爾的《戰略
緒論》、李德哈達的《戰略論》等兵學經典之著，於是開啟了
軍事及用兵知識體系理論的擴展。參閱，鈕先鍾，《西方戰略
思想史》（台北：麥田出版社，1995年7月），頁209-21 1、235-
239、327-341。

❿國防部頒，《國軍軍語辭典》（台北：國防部，2000年11月），
頁2-5。

⓫《國軍統帥綱領》（台北；國防部頒，2001年12月），頁1-19。

⓬梁必駿，《軍事方法學》（北京：解放軍出版社，1999年），頁
7-8。

⓭葉至誠，《社會科學概論》（台北：揚智出版社，2000年），頁
10-11。

第一部

野戰戰略學的研究途徑

第二章

野戰戰略的思想起源

「野戰戰略」的用兵思想融合了我國傳統兵學思想與西方兵學理論而成。中國傳統的兵學思想是積累數千年的兵學智慧，蘊涵著中國各種文化於其中的用兵思想與方法。其中最具代表的當推《孫子兵法》一書。

而西方兵學家的理論，如克勞塞維茲的《戰爭論》、約米尼的《戰爭藝術》、李德哈達的《戰略論》、富勒的《戰爭指導》、薄富爾的《戰略緒論》等，以及漢尼拔、凱撒、亞歷山大、拿破崙等四大名將的實踐作為，亦深刻地影響著「野略」理論的發展。其中又以拿破崙的戰爭原則，最為後人稱道。

故本章從孫子與拿破崙談起，以兩節次分別論述之，深入闡述中、西方兵學理論對用兵方法的影響。

第一節　中國的兵學思想

《孫子兵法》中的中國兵學思想

　　中國傳統的兵學思想中，最具代表的著作首推《孫子兵法》。簡言之，《孫子兵法》一書綜合性地代表中國傳統各家的文化精髓，揉合了「人」的「主觀反實證論」，與「物」的「客觀實證論」。換言之，《孫子兵法》參透了中國儒家、道家、墨家、法家的思想。❶

　　《孫子》的思想中充滿了悲天憫人的儒家觀念，例如〈始計篇〉首先提出「兵者，國之大事，死生之地，存亡之道，不可不察也。」此乃典型的儒家「慎戰」思想。吾人可從孔子在《論語》：「子之所慎：齋、戰、疾。」❷作爲明證。其次，在〈謀攻篇〉中孫子提出：「上兵伐謀，其次伐交，其次伐兵，其下攻城。」他把「伐兵」與「攻城」視爲用兵之下策，因爲伐兵攻城，必有殺傷，勝敗對用兵者而言皆屬不利。儒家的另一位

大師孟子曾說：「天時不如地利，地利不如人和。三里之城，七里之郭，環而攻之而不勝。夫環而攻之，必有得天時者也；然而不勝者，是天時不如地利也。非城不高也，池非不深也，兵革非不堅利也……故曰：域民不以封疆之界，固國不以山谿之險，威天下不以兵甲之利。得道者多助，失道者寡助。」❸不可否認，儒家思想與《孫子兵法》都具有「王道」與「人道」的精神。

　　另外，《孫子兵法》中充滿賞罰分明的法家精神。法家對於治國與治民所採取的手段有三：第一，誘之以利，「邊利盡歸於兵，市利盡歸於農」；第二，實行愚民政策，「民不貴學則愚，愚則無外交，無外交則國勉農而不偷」；第三，嚴刑峻法，「昔之能制天下者，必先制其民者，能勝彊敵者，必先勝其民者也，故勝民之本在制民。」❹上述觀點與孫子所謂的「道者：令民與上同意」極為類似。孫子在〈始計篇〉又說：「法者：曲制、官道、主用也。」、「主孰有道，將孰有能，天地孰得，法令孰行，兵眾孰強，士卒孰練，賞罰孰明，吾以此知勝負矣。」孫子思想中的法家精神是以「訓練教育」為主要手段，「賞罰嚴明」為輔助手段，軍隊要能獲得萬眾一心，齊心以赴的效果，則必須強調「法」

的功能。

　　至於墨家的「兼愛」、「非攻」精神經常出現在
《孫子》一書當中。墨子說：「視人國若己國，誰攻？
故諸侯之相攻國者無有。若使天下兼相愛，國與國不
攻，則天下治。」墨子思想是以「兼愛」觀念為核心，
最終目的是為建立互賴互利的國際秩序。果能如此，則
國與國之間自不會有戰爭。此一觀點與《孫子》〈謀攻
篇〉所謂「屈人之兵，非戰也；拔人之城，非攻也；毀
人之國，非久也，必以全爭於天下。」實無差異。《孫
子》〈九變篇〉又說：「無恃其不來，恃吾有以待之；
無恃其不攻，恃吾有所不可攻也。」墨子也說：「凡大
國之所以不攻小國者，積委多，城郭修，上下調和，是
故大國不耆攻之」，❺有備無患本是戰略家的共識，所以
孫子「非攻」思想受墨家影響甚深。

　　道家精神對《孫子兵法》的影響，可說巨大且深
遠。道家學說可追溯到老子的思想，主要表現在《道德
經》之中。《老子》思想有兩大基本觀念，一曰
「無」，二曰「反」。「無」乃道之體，「反」乃道之
用。所以「無」比「反」更較重要。用現代的話來說
明，老子是自然主義者（naturalist），相信自然之道就是

「無爲」。他說：「聖人爲無爲之事，行不言之教。」此觀念實爲道家思想的核心。❻其所強調的是「以柔克剛」的觀念，此種柔性的戰略思維不僅對孫子有所影響，也對中國古代兵家的戰略思想影響甚鉅。

《孫子兵法》的理論

　　《孫子兵法》有關作戰的理論，大致區分爲三個部分：「**先知理論**」、「**戰勝理論**」及「**全勝理論**」。《孫子兵法》全書僅有短短的五千多字，但在書中出現「知」即達七十九次之多，而「知」所探討的是有關知識論與戰場情報獲得的問題：❼包括了「知天」、「知地」、「知己」、「知敵」和「先知」等五個層面，其中又牽涉了「時間」與「空間」的問題。因爲，「先知」所探討的即是時間的問題，在戰場上要能較敵人掌握「先」的地步，須以知識作爲判斷的基礎，同時靈活運用各種情蒐機構與方法，才能掌握「先知」的要訣。至於其他四項的「知」則是與空間有關，而在時間與空間交互下，是有關決策者如何將「力」、「空」、「時」三者融合運用的問題。「知」是「思」與「行」的基礎，要掌握

「知」則須結合時間與空間方面的「知」，才能做到「全知」的地步。

至於「戰勝理論」的核心在於「勝」，而「如何勝」的思維，在中國傳統兵學中有相當精彩的敘述內容，包括「仁」與「詭」的計謀，也包括「常」與「變」、「奇」與「正」、「虛」與「實」等相關辯證的用兵法則。

而「全勝理論」所涵蓋的面向則包括了政治、經濟、外交與軍事等各方面，它要達到的目標是「以最小的代價獲取最大的成效」，手段主要有「伐謀」、「伐交」、「伐兵」的相互結合，以及實施心理作戰、經濟戰與外交的結盟作戰等。❽

「先知理論」、「戰勝理論」與「全勝理論」均是相輔相成的關係，因為這三方面的知識，實際上都是應用在同一戰場，目的是屈服敵人以獲得勝利，同時又能保有最大的戰力。所以，三者是一種「互為手段；也是互為目的」的相互保證關係。由以上的說明可以得知《孫子兵法》不僅是我國兵學的寶典，也是世界上現存最早、最有價值的古典軍事理論名著。

《孫子兵法》早在西元7至8世紀盛唐時期就在朝

鮮、日本流傳，19世紀後在歐洲國家開始傳播，但並未形成主流。美國對《孫子兵法》的接觸比較晚，大約始於20世紀20年代。二戰後，美國開始重視《孫子兵法》，20世紀70年代末西點軍校將《孫子兵法》列為教學參考書，《孫子兵法》在美國軍事院校以及一些著名的大學中漸成普及現象。目前，美國凡教授戰略學、軍事學課程的大學，特別是軍事院校，均將《孫子兵法》作為必讀教材和必修課程。

美國國防大學還將《孫子兵法》列為將官主修的戰略學，並將《孫子》列於克勞塞維茲《戰爭論》之前。從1982年開始，美軍在作戰條令和國防部重要文件中引用《孫子》格言的做法便成為一個不成文的模式沿襲下來。美軍新版《作戰綱要》更是開宗明義地將孫子的「攻其不備、出敵不意」作為其作戰指導思想。美國前總統尼克森對孫子的軍事思想極其推崇。他在個人著作《真正的戰爭》中，多次引用《孫子兵法》的觀點研究分析戰爭謀略。尤為顯著者，美軍從《孫子兵法》中找到了很多解決現實問題的方法，其中又以兩次波灣戰爭的經驗最為人所稱頌。

從以上例證及理論可以獲得證明，「野戰戰略」的

知識內容，蘊含了「奇襲」、「謀攻」、「慎戰」、「間接路線」、「仁詭之計」、「奇正之道」、「創機造勢」的用兵思想於其中。雖然，「野略」的知識論在建構之初，引用了拿破崙戰爭及二次大戰時期的西方國家的戰爭經驗，但在解說這些戰爭現象時，仍運用了大量中國傳統的兵學思想，其中尤以《孫子兵法》最甚。是故，「野略」用兵思想實與中國傳統兵家思想有一脈相承的關係。

第二節　西方的兵學思想

拿破崙的戰爭原則

　　影響「野略」理論最深的西方兵學家，首推拿破崙。18世紀末到19世紀初爆發的「拿破崙戰爭」，在人類戰爭歷史上具有重要意義。拿破崙被世人公認為自亞歷山大以來，西方世界中最傑出的軍事天才。首先，拿破崙最大優勢在其個人的用兵素養，他有一種天生的領

袖特質，其心思和體力都有一點異於常人。富勒在其
《戰爭指導》一書中即指出：「他不僅在思想上居於主
動，而且事必躬親，他有超人的精力，好像能有充分的
時間來管理一切事務。」❾其次是有關他在軍事方面的
表現，拿破崙對於師的編制、輕步兵、野戰砲兵、攻擊
縱隊❿的改革，在軍事組織、戰術、技術等方面的創
新，可謂是當時的「軍事事務革新」。

　　總的來說，拿破崙的戰爭原則大致可歸納爲下列五
點：第一，攻勢原則：拿破崙經常採取攻勢，甚至於在
戰略上採取守勢時，也仍然在戰場上一再發動攻擊。第
二，機動原則：拿破崙說：「在戰爭中時間的損失是無
可補救，任何解釋都沒有用，因爲遲誤即爲作戰失敗的
主因。」第三，奇襲原則：拿破崙在戰爭中所遂行的奇
襲，幾乎都是屬於戰略性的，而非戰術性的。他有一句
名言：「戰略就是運用時間和空間的藝術，我是比較重
視前者，因爲空間喪失了還可以收回，時間則一去永不
回。」第四，集中原則：拿破崙的戰爭藝術是在適當的
時間與地點集中最大的兵力與敵人決戰。第五，保護原
則：拿破崙幾乎一生都不曾打過純粹防禦戰，即令採取
戰略守勢時，也還是經常作迅速的運動和猛烈的攻擊。⓫

西方兵學的典範

上述拿破崙的「攻勢」、「機動」、「奇襲」、「集中」與「保護」五原則，亦是我國「戰爭十大原則」中的內容，更為「野略」用兵思想的主要內涵。西方兵學名家如克勞塞維茲、李德哈達、富勒等人，都以不同方式陳述出上述原則的重要性。例如克勞塞維茲說：「攻勢作戰的主要特點是一發起會戰就發起包圍或迂迴，以便贏得時間，那麼在攻勢作戰中，統帥要求勝負的決定時刻就會迅速到來。」[12]

李德哈達的《戰略論》為世人譽稱「間接路線」（強調機動與奇襲的使用）的代表作，他的間接路線思想對「野戰戰略」影響也非常巨大。李氏說：「名將寧願採取最危險的間接路線，而不願意駕輕就熟走直接路線。必要時，只率領小部分兵力，越過山地、沙漠，或沼澤，甚至於與其本身的交通線完全斷絕關係。」[13]李氏的「間接路線」嚴格地說只限於作戰（「野戰戰略」）層級，推而廣之，也可視為一種抽象觀念，對於較高層次（軍事、政治、心理、國家戰略）還是有其價值。他

說：「從歷史上看來，除非路線具有足夠的間接性，否則在戰爭中就很難產生效果，此種間接性雖常是物質性的，但卻一定是心理的。」❶❹李氏的戰略思想不僅與「野戰戰略」相近，甚至與謀略思想也極為相似。

　　富勒的著作包括《戰爭指導》、《裝甲戰》等。他在《戰爭指導》一書中指出政治、經濟和技術條件的發展對於戰爭起了決定性的作用。他並提醒人們在戰爭中不要為絕對的觀念而束縛，同時認為行動總要適應環境，而環境則會經常變化。另外，富勒認為從戰略指導來說，要看到戰爭中敵友關係的頻繁變化，要懂得戰爭中野蠻行為的不合理性，要做到在戰爭中不使你的敵人陷入絕境，而在敵人被打倒後，要明智地讓他再站起來等，這些都提供了如何指導戰爭的新見解。❶❺富勒的思想在我國兵學界，早已被研究社群列入研究的範疇，對我國用兵思想具有深刻的影響力。至於克勞塞維茲的《戰爭論》與約米尼的《戰爭藝術》在本書的後面幾章會再詳細介紹，在此先不贅述。

本章小結

綜合上述中、西兵家思想得知,「野略」的兵學思想實混雜了中、西方兵學精華於其中,這種思想是否為一種「雜交」的戰略思想?事實上,從世界上任何文化發展歷史來看,要想保有單一文化的原貌,或與外來文化完全隔離關係,幾乎不可能達到。即使可能,此種文化也無法長久保留,因為所謂的「原貌」實際上還有另外一種意涵,即所謂「原地踏步」——不進步之意。

反之,能將外來文化內化於原有文化之中,進而擴大與昇華原有文化的框架與內涵,不僅能保有原來文化的特色,更能吸收他人文化的優點於其中,固有文化才能源遠流長。例如,日本在19世紀末期推行「明治維新」的革新政策,即是一種融合西方文明與日本傳統文化的「雜交」運動,結果使日本得以在20世紀初期在亞洲崛起。因此,「大軍用兵」思想不應僅限定在特定的戰爭觀或歷史觀之中,它是一個不斷發展的過程,且須持續融合各種外來文化,才能使用兵的觀念日新又新。

▐█▌註釋

❶潘光建，《孫子兵法別裁》（桃園：陸軍總部，1990年），頁6-7。

❷《論語》（台北：國立編譯館，1979年），述而第七章篇。

❸論語《孟子》，（台北：國立編譯館，1979年），公孫醜下篇。

❹韓非，〈商君書·外內，墾令·畫策〉，《韓非子》。轉引自鈕先鍾，《孫子三論》（台北：麥田出版社，1996年），頁191。

❺鈕先鍾，《孫子三論》（台北：麥田出版社，1996年），頁186。

❻鈕先鍾，《孫子三論》，頁187-188。

❼鈕先鍾，《孫子三論》，頁275。

❽彭光謙、姚有志，《戰略學》（北京：軍事科學出版社，2001年），頁95。

❾J. F. C. Fuller, The Conduct of War, 1789-1961 (Rutgers, 1961), pp. 43-44.

❿鈕先鍾，《西方戰略思想史》（台北：麥田出版社，1995年），頁200-202。

⓫同上註。

⓬袁品榮、張福將編，《享譽世界的十大軍事名著》，頁118。

⓭B. H. Liddell Hart, Strategy: The Indirect Approach (Faber , 1967), p163.

⑭Ibid., p25.

⑮詳見富勒，鈕先鍾譯，《戰爭指導》（台北：麥田出版社，
1996年）一書，及劉慶主編，《西方軍事名著指要》，頁322。

第三章

野戰戰略的研究

　　每一個研究者在做研究之前，都必須面對一個問題：如何區隔方法論、研究途徑與研究方法？三者之間的關係又為何？首先，所謂「方法論」（methodology）又稱之為方法學，屬於一種哲學上的研究，講求的是一種思維邏輯的思考法則，是「人可用何種方法去獲得外在知識，其正當性與合法性為何」的思考。其次，所謂「研究途徑」（Approach）是指研究者決定從哪一層次為出發點、著眼點、入手處，去進行觀察、歸納、分析研究對象（譬如一種政治現象）。是故，著眼點的不同（研究途徑不同），就各有一組與之相配合的概念，作為分析的架構。❶最後，「研究方法」是指蒐集資料的方法（means of gathering data），其與研究途徑最大的不同，研究途徑是指選擇問題與運用相關資料的標準。❷

研究途徑為一種系統化的知識建構，目的在形成研究焦點，以提供選擇問題與蒐集資料的標準，❸亦有人以「概念架構」（conceptual framework）或「模型」（model）來表示。❹研析「野戰戰略」的研究途徑，通常可運用兩種方式來瞭解該學門的知識。第一是為「**實證主義」的「功能研究途徑」典範**，它的功能是為解決人與人或國與國之間的衝突。此種研究途徑是將「野戰戰略」的知識視為一種固定的經驗法則，而將過去的戰爭經驗，歸納出規律性的概念、通則與理論，藉以運用在未來戰場上的原則與定律。此種模式強調「人」可以藉由以往戰爭的經驗與實驗性的知識，以解決未來戰爭中的問題。第二則是屬於「**反實證主義」的「激進人本主義」典範**，其功能是強調人可藉主觀的批判與反思能力，以掌握動態的客觀環境，用以反思既有的規章、典範與論述，以發揮「人」的創造能力。因此，運用「實證論」與「反實證論」的觀點，可再細分下列幾種研究途徑，將詳述於本章各節中。

　　本章節次安排包括：野戰戰略方法論的思考、戰史研究途徑、謀略研究途徑、理性選擇研究途徑、辯證法則研究途徑等五節。

第一節　野戰戰略方法論的思考

「野戰戰略」的本體論

　　社會科學中所謂方法論是一個有明確規則與程式的體系，研究者可藉評估知識的論點，以決定支持或反對它。❺「方法」與「途徑」是人的主觀與客觀接觸的橋樑，若沒有此一媒介，一切的活動、理論、思想與方法的知識就無法繼續積累與擴展。如同黑格爾（Hegel）所述❻：

> 在探索的認識中，方法也就是工具，是主觀方面的某個手段，主觀方面通過這個手段和客體發生關係……相反地，在真理的認識中，方法不僅是許多已知規定的集合，而且是概念的自在和自為的規定性。方法不是作為外在的反思出現的，而是從它的對象自身中取得規定的東西，因為這個方法本身就

是對象的內在原則和靈魂。

「方法」就是研究者為了要達成認識世界和改造世界的目的，必須採用一切工具、方式、手段與程式的總稱。就哲學立場言，針對「對象」的研究，必然會引涉到對象的本質及其所反映出的相關現象。**❼方法論的存在，必須有其相對應的知識論（epistemology）與本體論**（ontology），簡言之，探討「野戰戰略」方法論，必須與該學科的知識論與本體論一起研究，否則單獨研究方法論，實不具有太大意義。

基於此，「野略」研究首先須明瞭以「用兵知識」作為研究對象，其本質（本體）為「武裝部隊」，武力的建立與運用，又成為用兵知識的「載體」。對於武裝部隊的建立與運用，必須將「用兵的人」（如何用兵的思維）與「構成戰場的各項因素」彼此間相互聯繫關係視為一個整體來研究。簡言之，「野戰戰略」的本體論實際上包含了以人為主的主觀認知，以及將武裝部隊與客觀環境相互結合的研究過程。故其實體的本質為「武裝部隊」，而其觀念為「如何讓武裝部隊發揮力量」的思想、知識與方法。

「野戰戰略」的知識論

「野略」知識論（用兵知識）為一套「如何讓武裝部隊發揮力量」的知識體系，它屬於動態性質，會隨時空環境的改變，不斷變化。作戰中可能出現各種想像不到的狀況，人在處理變化萬端的戰場景況時，若將「野戰戰略」的方法視為一成不變的鐵律，則作戰結果往往會失敗。「野略」知識論的起源為人類在鬥爭活動中的謀略行為。原始的謀略即是一種「如何在爭鬥中進行鬥智」的思考，戰爭的型態出現後，人類爭鬥中所用的工具——武力（軍事），遂成為鬥爭中的主要力量，而如何讓武力成為打擊敵人的有效工具，需要一套完整的知識作為支撐，這一套知識體系即是「野戰戰略」。

「野戰戰略」的知識論實涵括了「實證論」與「反實證論」兩大部分。因此，「野戰戰略」的研究對象即應包括「人的研究」（軍事指揮）、「勢的研究」（戰場客觀環境）、「法的研究」（戰爭的規則與理論）等三個領域。值得注意的是，此三項領域不僅可以單獨列舉各項，進行獨立研究，也可將三者都放置在同一個主體

（戰爭）之中來進行整體研究，此乃兵學研究的最大特色。正如，社會科學的「方法論」必須扣緊「知識論」，兩者在哲學的思考上爲脈絡一貫，相輔相成的密合關係。

「野戰戰略」的方法論

所謂的「方法論」，指的是對某一研究領域所使用之研究方法的原理原則所做的探討。[8]「野戰戰略」的用兵邏輯屬於「兵學哲學」的範疇，**兵學哲學是對戰爭本質的理解，進而追求行動藝術的境界，本質上是一種「運用哲學」**。而從軍事知識體系建構的角度來看，其實即是一種軍事方法論（或謂戰爭方法論）的建立與運用。[9]

方法性的工具角色是讓指揮者能依據「野戰戰略」的理論，制定在戰場上實用的「軍事行動原則」及「作戰方案」，前者包括三軍聯合作戰與指導的一般原則，及各軍兵種遂行戰爭的具體原則；後者包括戰略構想、戰役計畫及各參的行動方案與準據。「野戰戰略」的方法論上不僅是一種對下級指導的用兵方法（作爲一種操作的工具），更可藉由戰爭的經驗，作爲學習或增進「野略」知識的途徑

（作為一種認識的方法）。

　　由於人（操縱戰場的指揮官）在用兵的實踐過程中，必須能動地認識戰場環境的特點和規律，並根據這種認識的能動性，實施作戰指導。「人」才是一切用兵的重心，主觀能動性是人類所特有的認識世界和改造世界的能力，而在兵學思潮的演進中，人不僅是目的，人是一切的重心。另外，「人」與「戰爭的發展過程」為一個主客辯證的過程，在主／客體的辯證與發展中，「野戰戰略」的「知識論」與「方法論」則成為主體與客體的黏合劑，並成為指揮軍隊與指導戰場的主要憑藉。

第二節　戰史研究途徑

戰史研究的價值

　　歷史學家葛拉姆（Hans Gadamer）對於歷史的研究方法曾說：「歷史意識感興趣的，不在於瞭解人們、民

族、國家是如何發展的，相反的，而是在瞭解這個人、這個民族、或這個國家是如何變成現在這個樣子，這些獨特的個體各自究竟是如何來到與抵達這個階段的」⑩。歷史研究途徑是藉過去經驗，並從以往各種文獻資料，不斷挖掘過去的「真實面貌」，以期還原「事實真相」，並且預測可能的未來。

另外，有些歷史學家不斷地從歷史資料中抽取「共通性原則」，並且將其視爲人類生活發展的「必然規律」，認爲人們只要遵守這個規律，即能解決未來的問題。然而，戰爭的演進，在整個歷史的發展過程中，算是其中的「片斷史」。戰史的研究能否運用歷史研究方法找尋規律，或是僅能視之爲歷史發展過程中的特殊事件，都是值得再深入探討的課題。

事實上，在戰爭理論與用兵方法的背後，都蘊涵了無數次戰爭的經驗，並由這些經驗綜合歸納出普遍性的戰爭規則。⑪運用戰史研究途徑（戰爭的歷史研究途徑）必須有一個假設前提，**從過去戰爭經驗中歸納出的規律與原則，須能與用兵的時空環境、戰略文化及其武器裝備相互配合，必須檢驗其間的差異性**。然研究者如何從過去經驗內化爲本身需要，並從其中發現自身的不足之處，才

是學習戰史應該要有的認知。

　　社會學家韋伯曾說：「沒有前提假設的經驗史實是不可能的。」**⑫**，此言對於兵學研究來說，其實更深具啓發意義。任何用兵理論都是一種藉由觀察戰爭的軌跡，以尋找其中規律性並賦予通則性的理論。必須注意的是，戰史研究不能將過去所發生的歷史化約成永恆不變的「發展規律」，但戰史研究又不會完全拋棄經驗，所以吾人在運用上應將過去的戰爭當成一種開放型的模式，且不斷縮小研究範圍，才能將過去的經驗與現實的情況相互結合。

　　職是之故，對於如何運用戰史研究途徑，首先須將戰爭的經驗當成是一種**經驗性的知識**（絕非是眞理），並經由思考該領域的問題，藉此產生一套對該問題解決的方法。接著針對研究議題，從戰史中尋找相關的案例，再從其中抽絲剝繭，並比較用兵原則，才能尋獲現實所需要的答案。

戰史研究途徑的運用方式

一、戰史文獻分析法

　　文獻分析法又稱歷史文獻法（或簡稱歷史研究法），是一種系統化的客觀界定、評鑑與綜合證明的研究方法，以確定過去歷史的真實性。主要的目的在於瞭解過去、洞悉現在、預測未來。[13]戰史研究的文獻分析法其意義在於，研究者以文獻資料分析處理後，找出事件演變的因果關係與辯證發展。精確地說，此種方法的思維邏輯是因果推論的研究方法，運作的方式類為實證研究。[14]

　　文獻分析法必須經由一些步驟：第一，研究者必須選擇及確定研究對象與範圍，再根據研究範圍與對象進行文獻蒐集與假設擬定。第二，適切區分主要資料（primary sources）與次要資料（secondary sources），以確立未來使用這些資料，能否確保研究成果的信度。[15]第三，要能訂定出研究的範疇，凡無法從文獻中獲取的資料，研究者不可輕易的猜測或濫用。第四，確立研究

計畫的步驟，將蒐集資料、分析資料、歸納資料、推論可能發生的結果，依此步驟，小心謹慎的發掘未來的發展規律。運用此種方法仍須考慮下列問題，例如：文獻的來源有沒有問題、文獻的作者是誰、建立文獻的目的為何、文獻本身的可靠性、文獻記載資料的可信度、文獻的內容有沒有問題、對文獻的評價為何、對研究者有何啟示等問題，[16]通過對於這些可能因素的思考，才能使文獻分析法的使用價值長久不衰。

文獻分析法是一種因果推論的思考，以一些「既成事實」（或謂已經發生過）的歷史事件，作為預測未來的尺規。此種方式的最大爭議點，在於如何確認所推理的結果不僅僅只是一些「複製」的效果。[17]尤有進者，此一效果又須等到事情發生之後，才能證實其真偽性的信度為何。所以，這是吾人在使用文獻分析法的時候，務必注意的問題。

二、戰史個案（戰例）研究法

個案研究法是抽繹單個戰爭事件，把此特殊事件視為一個整體來探討。在方法上，戰史個案研究其實與戰史研究法並無二致，兩者不同之處在於，戰史研究是以

一種「鑑往知來」、「以史爲殷」的態度從事研究；而戰史個案研究則是以特定時空之戰爭，作爲研究的方向。[18]個案研究的優點在於運用單一歷史，對整場戰爭明晰程度較爲清楚，其中對於雙方指揮者的用兵思想、作戰要領、戰略構想、兵力部署及作戰指導，具有互相比較的意義。對研究者而言，算是一種磨練戰略戰術修爲的好方法。

然而，此種研究方式的最大問題，即是「單一案例是否具有普遍性的規律或原則」。其次，研究者從事個案研究時，往往會不知不覺的落入一種迷思，將個案研究「複製」爲不可變的「眞理」，甚至暗示此種案例，在未來戰場上是可以期待的。此種以個案歷史在方法論及客觀程度上都缺乏「信度」的效用，研究者使用此種方法時，必須結合其他戰史的研究比較，才能更爲明晰用兵的方法。

三、戰史比較研究法

戰史比較研究法與社會科學的比較法有其相似之處，社會科學的比較研究法是一種重視「比較」的研究方法，基本的研究方法有二：第一，比較者之間的差異

程度；第二，比較兩者之間的相同程度。「比較差異程度」的目的在於舉證不同「因」產生不同「果」，故不能將不同現象的因果關係混為一談；「比較相同程度」的目的，在於解釋或預測類似情形的「因」，應該產生相同的「果」，使能互相援引或者相互借鑑。[19]

戰史比較研究法的功能，主要是回答一些重大問題，例如「戰爭型態變遷是如何發生的」、「造成戰爭理論演變的原因」。因此，運用戰史比較研究法是為了重新詮釋歷史資料，或是挑戰原有戰爭法則或規律。透過不同的戰史比較研究，較可概化出新的概念，也較易形成新的理論或用兵方法，提出的概念亦比較不會受限於單一歷史時間或單一文化。[20]

戰史比較研究法雖然可提供研究者對戰爭型態的認識，但其困難在於需對相關歷史與文化有更深一層的理解。戰史比較研究法必須藉由豐富的知識背景，才能發現宏觀的理論或戰場的規律。[21]惟只認識單一文化的研究者，受制於時空的侷限性，進行比較研究時，將會受到極大的限制。例如，無法理解歐洲的封建社會及工業革命對法國大革命所造成的社會衝擊，即無法完全理解拿破崙內線作戰的發明，以及拿破崙如何造成整個戰爭

觀與用兵方法的轉變。適切運用戰史比較研究法，其關鍵問題在於研究者必須謹慎小心，才不會將不同戰略文化背景下的戰爭經驗，當作自身戰略文化之所需，否則將導致「水土不服」的嚴重後果。

四、戰史詮釋研究法

　　詮釋學（hermeneutics）是一門起源於19世紀的理論，它最初的功能，是要傳達「神的旨意」讓世人理解，之後逐漸演變爲一種對於「文本」詳細研讀的方法，藉由理解與解釋，重新定義（詮釋）歷史。換言之，「眞實的歷史意義」很少是淺顯易懂的，要抓住「眞實的歷史意義」，只有透過對文本詳細的閱讀，仔細思慮其傳達的訊息及尋找其間的關係。[22]

　　戰史詮釋研究不同於實證主義的研究取向。對詮釋研究者而言，「眞實歷史」是以「人們對它的理解」爲認知基礎，詮釋研究取向是一種設法進入「當時時空環境」的研究方法，它會透過各種研究方法（文獻、訪談、田野調查……）「直接」深入接觸當時事件發生時的人、時、事、地、物。研究者須先深入明瞭一些實際資料，再透過對現有的（既有的）歷史記載，展開對歷

史事件的重新詮釋。

　　對於已經隨著時間過去的「情境」，該如何賦予歷史新的意義，例如：1944年諾曼第戰役的戰史詮釋研究，研究者必須到達實際現場，瞭解地形、地物、地貌等現況，並設法與實際參與此場戰役的雙方官兵訪談當時的作戰心得，更要大量參考同盟國與德國對此場戰役的評論，或珍藏的史實資料，才能重新詮釋諾曼第戰役的眞實情景。事實上，詮釋研究法是最爲「眞實」的研究方法，藉由調查、訪談、分析、比較與研究，研究者可以對既往的歷史重新賦予新的定義，並可對戰爭的規律或既有的用兵原則給予新的解釋。因此，它亦是創新與演進戰爭觀或方法論的重要途徑。

第三節　戰略研究途徑

謀略論（戰略論）的理論

　　謀，是運籌、計畫作戰行動的階段。它是由「知」

過渡到「行」的重要過程。所以古人說：「伐敵制勝，貴先有謀，謀定事舉，敵無不克」。[23]事實上，「謀」作為一種思想活動，包涵了「人的主觀認知」與「客觀行為」，主／客觀的認識過程又可以相互轉換，知識會成為主／客體之間辯證下的產物。謀略的概念因而會不斷地發展，會隨著人們認識能力的提升而不斷的變化。**「謀」的真正意涵，並非是一種玄思冥想，反之，而是一種有目的、有作為的實踐過程。**

　　通常，一個「謀略」的實踐可分為三個步驟：第一，要能確定行動的目的；第二，要依據對敵我行動規律的認識，對敵我、環境等各種要素在戰爭中相互作用的可能趨勢和結果進行預測；第三，選擇可行途徑，繼而把這些可行途徑具體化，妥善安排自己的力量資源，並選擇戰略、戰役、戰術手段，以形成若干作戰計畫和方案。[24]「謀略」作為的每一個步驟都是相互關聯，密不可分，才能逐步發展為良好的計畫。

　　謀略的根本目的是要提高作戰效益。謀略的基本原則就是要「消滅敵人、保存自己」。[25]通過謀略運用，最終能夠在戰役對抗中，以較小的代價獲得較大的利益。基於此，用兵的謀略研究途徑概可區分為兩個研究領

域：首先是「人的內在主觀方面的認識過程」；其次是「如何將主觀的認識過程化爲實踐的過程」。以謀略作爲一種研究框架，它須結合「人」的觀念與「物」的利益，才會形構出一個整體（全程）的思維架構。

就認知過程言，對客觀事物的認識並不等同於眞實世界——物自身的屬性。所謂的謀略，其實是一種思維（思想）活動；一種理性認識的過程。雖然，戰略思想貫穿整個戰略研究的全程，然謀略思想絕非是漫無目的的思考，尤其在軍事對抗的謀略思維中，存在著大量的欺騙、假像等複雜因素，所以**戰略家的思維邏輯必須具有「正」、「反」兩面的思考面向**，才能達到別人所無法想到的境地。所謂的「正面思考」與「反面思考」，是要能理解整體與局部、理論與實踐、實然與應然之間的差異及其間的轉換因素，如此才能掌握謀略研究途徑的精髓所在。

「謀」在「野戰戰略」中的運用

一、時空因素為謀略運用的基礎

拿破崙曾言：「戰略乃運用時間與空間的藝術。」[26] 在戰場上「時間」與「空間」因素可以分別與「戰力」來結合，其所掌握的即是用時間與空間的有利因素，以改變自己力量的劣勢。基本上，弱勢的一方要想扭轉不利態勢，唯一之路即是運用時空因素，以創造「有利於己」的「集中」或是「不利於敵」的「分散」態勢。有作為的指揮官會運用「空間」將敵軍誘至絕地而擊滅之。[27]指揮官對時空因素的妥善運用，即是謀略作為的基礎。

二、理性選擇的思考方式為運用謀略的入門之道

「理性」是人類與生俱來的潛能，它更是人類思考外界客觀事物的準繩。理性能力的發揮，在人類的決策思維中占據核心位置。「野戰戰略」的思維是決策思維模式中的一種，「野略」的思考是以「作戰中能獲取勝利」為考量，因而戰爭目的能否達成，完全依賴用兵手

段來實現。誠如克勞塞維茲所說：「戰略是戰鬥爲戰爭目的的使用」。[23]用兵的思想與方法，即是如何在開戰前創造出一個有利於我軍的戰略態勢，以達「先勝而後求戰」的考量。

「野略」的思維邏輯可將其視爲一套決策的邏輯思考。決策的主要功能在於對環境的正確評估，並據以分析出對組織內部的優劣因素，之後便容易找到一個有利於我方的「關鍵因素」。此種邏輯的核心價值主要是在創造一個「利益最大化、付出成本最小化」的思維模式，此種模式即是「理性選擇」的過程。[24]更是一切謀略思維所必須遵循的路徑。

三、掌握「關鍵因素」是謀略運用的契機

「野戰戰略」中對於「關鍵因素」的確認，來自於指揮者對複雜問題的方向釐清。唯有確認方向，「關鍵因素」才能逐漸地在謀略者的腦海中浮現出來。「關鍵因素」的判斷是必須依據戰爭中的內部環境（我軍、友軍、訓練、士氣等）及外部環境（敵軍、地形、時空因素等）交互分析比較之後，才能找出一項對我軍最有利而害處最少的「關鍵成功因素」。決策者必須要能夠預

判下一個階段可能會發生的狀況，做好現今的準備，而現今的一切戰略作為即是為了下階段鋪路，當前的輸贏不一定就是現階段中唯一的選項。所以，「關鍵因素」的掌握才是全程謀略運用必須把握的核心因素。

四、保持彈性是謀略運用的主動作為

所謂的彈性反應戰略，是指對於敵人的每一種行動，都能夠有適當的反應，所使用的力量，應足夠對付敵人的行動，但卻不應超過這個目標所必要的限度之外。[30]彈性的保有，實乃用兵成功與否的關鍵所在。因為，「彈性」的功能具有「主動」的成分，為了能達到「主動彈性」的功能，必須積極地運用一些其他手段，以配合執行主要的作戰計畫，如此才能使主體在採取一切行動時都能掌控主動。而要達到上述目標，基本上須能掌握「先機」，才能使「主動彈性」的功能發揮出來。所謂「先機」，是指所運用的一切次級行為，都是為創造主體行動（主力作戰）的有利條件。誠如孫子所說：「策之而知得失之計，作之而知動靜之理，行之而知死生之地，角之而知有餘不足之處。」[31]即是對「主動彈性」功能的最佳詮釋。

第四節 辯證法則研究途徑

辯證法則的理論

辯證法（Dialectic）的思維體系，與唯物辯證法有若干思維邏輯相同，但兩者仍不可混為一談。唯物辯證法是馬克思（Karl Marx）及其追隨者所主張，而辯證法是自古即已存在的思維邏輯。單純就辯證法的意義來講，原本是「為了尋求理論或意見上的真理而運用的一種辯駁技術。」[32]辯證法在西洋哲學發展過程中，有其重要的意義。

在西洋哲學史上，辯證法肇源於哲學大師蘇格拉底（Socrates）的「反詰法」，而後柏拉圖（Plato）與亞里斯多德（Aristotle）則將其發揚光大。此一思維邏輯經千餘年的使用，至18世紀黑格爾（Hegel）提出「唯心辯證法」，而將此一法則的運用推到最高點。黑格爾的辯證法則，是以古典時期蘇格拉底所採用的「對話模

式」，將對話兩方的不同立場、觀點，對立起來，最後會融合爲第三種新的意見，成爲一種克服先前雙方對立的意見，進而獲得更好的意見，此即爲「正－反－合」的三三論：**藉由對他人理論（正）的「否定思考」（反），獲致一個綜合性的結論（合），而此「合」又將成爲下一個三段式發展的起點，並亦出現另一個「反」與之相抗衡。**[33]簡略地說，我們可以將黑格爾的辯證邏輯視爲某種方法的擴展，在此一方法中，對立面可以互相協調，進而融合成一個整體，此一整體又會產生出新的辯論，開啓另一個新的「對話」，激發出另一個相反的意見，尋求更多人加入，最後獲得一個可被接受的「結論」，然後又再開啓一個新的「對話」。[34]此即是「正－反－合」的辯證法則。

辯證性的思考方式

　　「野戰戰略」的思維理則不是絕對客觀的「決定論」，而同樣也是一種辯證法則。兵學理論雖屬於一種「普遍原則」，但運用時在不同的時空環境，則有可能會出現不同的用兵方式，用兵方式的變化則會隨科技的更新、國

際情勢的改變等時空因素而有所改變。「大軍用兵」應該是一種辯證法則，它是以「正－反－合」的三段辯證法為基礎，將「核心不變的普遍原則」與「會隨時空環境的變化因素」進行不斷的辯證，而後產生適切性的用兵方式。

運用「正－反－合」的辯證邏輯，可以不斷地深化與挖掘出更多兵學的理則。事實上，辯證思維法則與我國固有的「執兩用中」思維，可謂不謀而合。所謂「正－反－合」的「正」是我方，「反」是敵方，「正」為利，「反」為害。研究用兵問題，必須要衡量敵我雙方的利害，予以分析比較，最後方能獲得一個正確結論，並制定出妥適的作戰計畫。所謂「執兩用中」，「兩」就是兩個極端，「中」乃是至當的行動。[35]若從《孫子兵法》的用兵思想來探討「正－反－合」，更可發現孫子的理念，大多圍繞著「正」、「奇」的相生與循環。《孫子》〈虛實篇〉說：「凡用兵之法，以正合，以奇勝，善出奇者，無窮如天地，不竭如江河。」孫子的用兵之術並非是單純的詐術，而是將彼我雙方的力量，加以計算衡量，同時對於「非物質的力量」充分掌握，以求產生對我有利的作用。此種思辨的方法即是一種辯證

法則，因爲有「正」的存在，配合著「奇」的運用，才能運作得當；反之，因爲有「奇」的存在，「正」方能發揮力量。因此，「正－奇－合」的想法，可以說是用兵思想的泉源。

而西方國家對於戰略的研究，也有類似的作法。法國元帥福煦說：「戰略是力量、空間、時間的問題」 ❸⑥，薄富爾更進一步解釋，任何戰略都是串聯我之「力」、「空」、「時」，加上我之各行動方案爲「正」，與敵之「力、空、時」加上敵之各可能行動爲「反」，對比分析後，產生足以勝敵的「方案」爲「合」。❸⑦薄富爾認爲，戰略家是**不能將任何歷史上的先例當作永久性的度量標準**。戰略思想必須經常考慮到「改變中的事實」，而且又還不僅限於「可以想見的將來」，連許多年後可能的發展也應包括在內。而且戰略不可能按照一種固定的客觀演繹法來發展。❸⑧因此，吾人可從古今中西的兵學家對「正－反－合」的觀念，明瞭辯證法的思維理則對戰略研究是何等重要。

第五節　理性選擇研究途徑

理性選擇（決策管理）的理論

　　戰略的理性選擇研究途徑是借用國際關係理論中的「理性選擇」途徑。理性選擇研究途徑的起源，可追溯到早年經濟學家和企業管理學者在決策理論上的研究。何謂理性（rationality）？以研究決策理論聞名的學者施奈德（G. H. Snyder）將其定義如下：「**首先對於可能的得失，以及敵方行動的機率作冷靜的計算，然後再根據計算結果來選擇一條對自己可能最為有利的行動路線。**」[39]決策者在從事各種選擇時，會假定一個理性的「人」能清楚瞭解其所面臨的選擇，能計算出各選項的個別結果，最後依據本身的價值偏好作出最佳的方案（option）。[40]

　　「野戰戰略」的理性選擇研究途徑，是借用上述「理性選擇」的論點來作為研究的方法。在戰場上，大軍指揮官往往必須在很短的時間內就要盱衡全局，下達

正確的決心。所以，指揮官決心的形塑過程，要有一套有效率的思維理則，才利於戰事的發展。「理性選擇」（rational choice）的利基點，在於幫助指揮官能善用有利的時機，明辨利害，然後作出合理的選擇。

如何進行「野戰用兵」的理性思考

如何將理性選擇運用到用兵的思考之中，必須要從「作戰目標」與「用兵要旨」切入，才能深入其意。國軍「野戰戰略」的定義是：「為運用野戰兵力，創造與運用有利狀況以支持軍事戰略之藝術，俾得在爭取戰役目標或從事決戰時，能獲得最大之成功公算與有利之效果。」⓫從定義可以獲知，「野戰戰略」的知識用途，主要是在發覺戰場的規律性和作戰過程的實踐問題。所以，「野戰戰略」可作為一個行動方針以指導作戰。行動方針又須根據戰爭目的、戰略目標的要求和敵我雙方兵員素質的優劣條件等，以指導各個戰役的遂行。

理性謀略的最主要目標是「戰勝敵人」。戰略上「理性選擇」的假設命題，是將敵對任何一方，不僅當成是一個會算計利害的人，而且假定該對象是會使用各

種不同的手段與方法摧殘敵人的「理性人」。「野略」中「理性選擇」的假定事項，還包括了許多謀略的部分，所以吾人必須將整個思維邏輯置於一個寬廣的思考框架之中，包含了體制內（框架內）與體制外（框架外）的思考方式。

尤有進者，「野略」的思維邏輯是以「創機」、「造勢」為最高境界，此種觀點屬於「唯名論」與「反實證論」的論述，兩者都有先驗性的知識成分，但仍然需要藉由人類思維中對客觀事物的理解，產生判斷與推理的能力，而後再作出較為有利的選擇方案。所以「野略」研究和「戰略」研究的運用要領，實際上都與理性選擇的模式有相近之處。

「理性選擇」方式之運用

一、目的與手段的「理性選擇」

明確的軍事目的和妥善的運用軍事手段是戰爭遂行的一般原則，亦為用兵思維的精髓所在，更為作戰指導的職能核心（Core Competence）。在哲學思考中，「目

的與手段的配合」是一項重要理則。目的與手段的發展關係必須放置在同一個物體之中，才能顯現兩者的合作功能與相互循環的辯證關係。李德哈達說：「調整目的以適應手段。」**⑫**李氏對於目的與手段的發展過程與思緒相當重視「務實性」的原則（手段與目的並非是一成不變的決定論述）。然而，手段與目的要能發揮相互保證及相互支持的水準，必須兩者共同處於同一事物之中，此一事物為戰爭（戰役或戰鬥）的發展過程。

手段與目的的配合，已成為作戰過程中的一項重要理則。戰爭中的一切事務與現象，幾乎都與目的及手段的配合有關，都必須通過軍事目的、軍事手段及其相互關係才能得到理解。證諸歷史發現，往往戰敗的一方，都是手段與目的無法相互配合之故。

探討有關目的與手段的限制性與發展性時，必須明瞭手段（包括工具、方法、資源……）所能夠運用的力量。作戰中的目標和指揮者的企圖展現，常常會具有無限性（希望是無窮的），但手段的表現則會受經濟與能力因素的影響，而出現「制約目的」的現象。所以，「目的」與「手段」必須相互配合，才能使兩者的效能有所發揮。例如：**戰役計畫的作戰構想是依據目的而設計**

手段，然在作戰過程之中，發現本身的作戰目標無法以其所擁有的能力來實現時，則須修改其作戰計畫，此時的修正標準即是「依據手段來調整目的」。手段／目的的配合，是一種「務實性」的展現，此種務實性即為「理性選擇」。

二、綱要概念的「理性選擇」思維方式

在理性行為的架構下，行為體（人）被界定為全知全能的形象，但人的理性行為經常受到內在心理和生理上的主觀限制，還要受到「不完全資訊」和「行動後果不確定性」的客觀限制，很難獲得一個「完整的理性」。[43]

綱要概念的思考模式是來自於有限度的理性選擇模式，綱要概念思維的步驟通常為：

1. 首先列舉出諸多可行的敵我可能行動方案。
2. 列舉出每個行動方案的限制與機會因素。
3. 放棄不滿意的行動方案。
4. 去蕪存菁，從中挑選出最佳的方案。

「野略」的用兵思考，有時必須列出所有影響因

素，並逐一分析比較，這樣才較容易獲得合理可行的方案。

三、「框架內」與「框架外」合併的「理性選擇」模式

「框架內」與「框架外」合併思考的模式，是用兵謀略中一項重要的思維。「框架內」與「框架外」的合併思考，必須熟悉「時間性」與「秩序性」。「野戰戰略」的「框架」，是指敵我雙方都可能依循運用的法規、典範與兵學理論，也包括戰場一切的客觀環境（敵、我、天、地、水），甚至包含了敵我可能遭受到的限制因素。誠如《孫子》〈始計篇〉所謂「法者：曲制、官道、主用也」。此外，**「框架」代表著過去戰爭中所發生過的經驗，泛指一切的經驗知識，它是一種現象與法則，更是藉由經驗所歸納的通則，以作為當下實踐的基準。**

思考框架所重視的是「知彼知己」的效能，「知彼」的目標是在作決定時會考慮到對方的反應；「知己」則重視如何操作框架內的一切規則、能力與資源。兩者所關心的問題包括：第一，如何認識相關的行為體；第二，選擇收益的標準為何；第三，雙方的行為規則又為何；第四，彼此之間行為的邊際效用又有多大。將此四

項考量的核心問題進行反覆的考量，即可對「框架」的運用有一明晰的認識。

　　至於「框架外」❹的思考，必須先理解「框架」的概念，爾後運用「框架外」的思考時，才能從「框架」的思考中跳脫出來。不論在何時或何地，都必須意識到，此種思考是否在「框架內」或在「框架外」？同樣的，「框架內」思考與「框架外」思考之間的辯證發展，存在著運用「框架」的微妙空間。本質上，此種空間的運用存在於「**決策者如何不斷的重新定義框架**」（即是界定「問題的性質」），以及「**如何調整問題處理的流程**」（即是「列舉關鍵因素」）。同時，也**關乎於決策者如何以一套「新限制」與「新規則」來描述與定義新的「框架」。**

　　儘管不同的決策者會以不同的比喻來形容上述的思維，但是一項策略的成功關鍵，在於決策者如何找出在「框架內」與「框架外」之間的「聯繫物」。此種思維模式不僅是創機造勢的動力泉源，更是整個用兵思維與決策模式的精華所在。簡言之，瞭解「框架模式」的思考方式，將更有助於跳脫舊有的思維窠臼。

本章小結

　　軍事科學研究（尤其是兵學研究）在社會科學的範疇中，有一項極爲特殊的現象，研究取向經常會跨「實證論」與「反實證論」兩個類型。因爲，軍事指揮官在思索建軍或用兵的決策過程，必須運用既有的或經驗式的規律、法則，同時又須兼顧客觀環境，並融合自己（人）的智慧、意志與情感去領悟實況的發展，才能創造出適切性的戰略決定，此乃兵學家克勞塞維茲所謂的「軍事天才」。

　　是故，用兵方法的研究（它屬於軍事研究的範圍內），必須將戰爭發展的規律與法則視爲一種常態性的知識（具有普遍性），此外須將戰爭實際的演變視爲一種實然性的知識（通常爲一種個別式或特殊性的經驗），吾人必須將二者進行辯證式的結合，才有可能建構出一套符合現況的用兵知識。

　　準此，人（主體）在運用「野戰戰略」知識時，必須將「野戰戰略」視爲一種主體概念，也是一種辯證式的思想。「野戰戰略」會隨著文明及時空因素的改變，

其內涵與運用方式也會不斷地擴大。然而，屬於用兵主體的「人」，在「變」與「不變」的辯證邏輯中，運用「野戰戰略」的知識，使之成為主體與客體的橋樑。

Ⅱ註釋

❶朱浤源，《撰寫博碩士論文》（台北：正中書局，1999年），頁182。

❷Vernon Von Dyke, Political Science： A Philosophical Analysis（Standford： Standford University Press,1960）， 轉引自陳德禹，〈研究方法（三）：社會科學領域〉，載於朱浤源，《撰寫博碩士論文》，頁184。

❸E. C. Cuff. W. W. Sharrock, D. W. Francis, Perspectives In Sociology, op. cit., p.117.

❹W. Lawrence Neuman, 王佳煌、潘中道等譯，《當代社會研究方法》（台北：學富文化出版社，2004年），頁123。

❺E. C. Cuff. W. W. Sharrock, D. W. Francis, Perspectives In Sociology (London： Routledge Press, 1998), p. 116.

❻列寧，《列寧選集》第38卷，（北京：新華出版社，1991年），頁236-237。

❼梁必駿，《軍事哲學教程》（北京：軍事科學出版社，2000年），頁9。

❽Iain Mclearn, Oxford concise Dictionary of Politics (Oxford： Oxford University Press, 1996), p. 319.

❾陳偉華，《軍事研究方法論》（桃園：國防大學出版社，2003

年），頁113。

❿轉引自Neuman, W. Lawrence著，朱柔若譯，《社會研究方法》
（台北：揚智出版社，2000年），頁727。

⓫陳偉華，《軍事研究方法論》（桃園：國防大學出版社，民國
92年），頁67-68。

⓬Paul Cohen，林同奇譯，《在中國發現歷史》（台北：稻鄉出版
社，1999年），頁24，註21。

⓭葉至誠、葉立誠，《研究方法與論文寫作》（台北：商鼎文化
出版社，2001年），頁102-105。

⓮王玉民，《社會科學研究方法與原理》（台北：洪葉出版社，
1994年），頁244。

⓯陳偉華，《軍事研究方法論》，頁145。

⓰葉至誠、葉立誠，《研究方法與論文寫作》，頁102-103。

⓱王玉民，《社會科學研究方法與原理》，頁141。

⓲陳偉華，《軍事研究方法論》，頁167。

⓳Ole R. Holsti, "Content Analysis," Gardner Lindzey and Elliot
Aronson eds., The Handbook of Social Psychology (Reading
Mass： Addison-Wesley, 1968), p.247.

⓴W. Lawrence Neuman著，王佳煌、潘中道等譯，《當代社會研
究法》（台北：學富文化事業有限公司，2002年），頁653。

㉑Gaye Tuchman, "Historical social science： Methodologies, meth-
ods and meanings", In Handbook of qualitative research, edited by
N. Denzin and Y. Lincoln (CA： Sage, 1994), pp. 307-308.

㉒W. Lawrence Neuman著，王佳煌、潘中道等譯，《當代社會研究法》，頁133。

㉓劉衛國，《戰爭指導與戰爭規律》（北京：解放軍出版社，1995年），頁24。

㉔劉衛國，《戰爭指導與戰爭規律》，頁25。

㉕張興業、張站立，《戰役謀略論》（北京：國防大學出版社，2002年），頁4。

㉖富勒，鈕先鍾譯，《戰爭指導》（台北：麥田出版社，1996年），頁68。

㉗《孫子兵法》對「絕地」的解釋是以「圮地」稱之。所謂的圮地（絕地）乃是已經破壞的地區，不利作戰，滯留於此有害無益，故應以最快速度通過或脫離之。所以，孫子說：「圮地，吾將進其途。」（九地篇）。詳見潘光建，《孫子兵法別裁》，頁277。

㉘克勞塞維茲，鈕先鍾譯，《戰爭論》（台北：三軍大學，1989年），頁261。

㉙胡敏遠，〈野略思維理則——理性選擇途徑之研究〉，《國防雜誌》，第19卷第12期，2004年12月，頁3-4。

㉚薄富爾，鈕先鍾譯，《戰略諸論》（台北：國防部史政編譯室，1979年），頁78。

㉛魏汝霖，《孫子今註今譯》（台北：台灣商務出版社，1998年），頁126。

㉜王冠青，《理則學與唯物辯證法》（台北：黎明出版社，1978

年4月），頁55。

㉝E.C. Cuff, W.W. Sharrock, D.W. Francis, Perspectives In Sociology (London：Routledge Press, 1998), p. 14.

㉞Ibid, p. 15.

㉟〈戰術研究班的教育宗旨〉，《參謀總長郝柏村上將對陸軍戰術教育講話彙編》（台北：國防部，1982年5月），頁61。

㊱三軍大學編，《中外重要戰史彙編彙編》上冊，（龍潭：三軍大學編印），頁29。

㊲李啓明，〈薄富爾戰爭緒論之研究〉，《戰略精萃》（台北：中央文物供應社，1980年12月），頁49-50。

㊳薄富爾，鈕先鍾譯，《戰略緒論》，揭前書，頁32。

㊴G. H. Snyder, Deterrence and Defense (Princeton University Press, 1961), p.25.

㊵Janis G. Stein & Raymond Tanter, Rational Decision-Making：Israel's Security Choices 1976 (Ohio ： Ohio State University Press, 1980), p. 6.

㊶國防部頒，《國軍軍語辭典》（台北：國防部，2000年11月），頁2-5。

㊷B. H. Liddell-Hart, Strategy：The Indirect Approach (Faber：Faber press, 1967), p.335.

㊸楊春學，《經濟人與社會秩序分析》上冊，（上海：三聯書店，1998年），頁190-94。

㊹框架外的思考的概念來自於數學中知名的「九個黑點問題

（nine-dot-problem ）」，意思指有九個黑點以一排三點的方式分成三列，而如何使用四條連續不間斷的直線，把所有黑點連接起來。而要解答此一問題即可能在三個一列所組成九個點的框架（3×3）內進行思考，而必須跳脫出既定的框架（思維），架構在一個4×4的框架（框架外）。從此，在框架外思考便成了跳一般既定的思考模式的隱喻。詳見瓊安‧瑪格瑞塔（Joan Magretta ），李田樹譯，《管理是什麼》，（台北：國防部史政編譯室，2002年），頁267-269。

第四章

野戰戰略的用兵思維邏輯

一般咸認，作戰任務的遂行，其任務的依據來源為上級指揮官的指令（大軍的任務來自於國家戰略的指導）。因此，指令的明朗程度，是根據軍隊階層的大小而有所差異。階層越低其對下級的指示要越加細瑣。反之越高，命令越益簡明，甚至會是一項原則式的指示或命令。例如，1991 年的波灣戰爭，美國國防部（統帥部）給予中央戰區指揮官史瓦茲克夫將軍的命令為：「驅逐在科威特的伊拉克軍隊，恢復科威特主權的完整」。大軍指揮官在接獲統帥部原則式的任務後，必須經過「野戰戰略」的用兵思維邏輯，加以詳細算計、思維與判斷，並將統帥原則性的指令，化為具體可行的戰略指導，才能確實有效的遂行作戰指導。❶

因此，「野戰戰略」的具體思維方法必須具有實用特質，方能提供組織或行動體在極短時間內，勾勒出一個概略性的戰略指導，並以此作為指導各參及下級部隊的依歸。故本章以「戰略態勢評析」、「野略四段式邏輯」、「用兵思維的重點」等三節，說明用兵的思維程式。

第一節　如何進行戰略態勢評析

戰略態勢分析的意涵

「戰略態勢的分析」為「大軍用兵」思維的開端，同時也是大軍指揮官對戰場情報判斷的基本方式。如何把一個任務目標，化為下級部隊可以執行的行動方案，其間須經過一連串的作戰程式：從任務分析、各參狀況判斷、下達命令、擬定作戰計畫、實施、執行、督導……等，然而這些過程的首要工作，即是指揮官對於敵我戰略態勢所作出的評析，並依據評析結果，作為指揮的依

據。

　　「戰略態勢」的意涵爲：「**敵我雙方在某一時空內之相對兵力的部署與行動，包括兵力、位置與地略形勢等，可據以判斷敵我兩軍在戰略上可能產生之作用與影響。**」❷中共將「戰略態勢」稱之爲「戰場態勢」，是指「將已經形成的所有戰場情況的各種因素的總和」。中共認爲「戰略態勢」反映了戰場上所有軍事力量的對比、兵力部署的結構，反映了作戰雙方的意圖，未來可能會呈現出的優點與缺點。❸至於美軍對於「戰略態勢」，則並未有明確的定義，但美軍在戰場上非常強調獲取「優勢」。在戰場上，美軍要求各級指揮官必須擅長於掌控戰鬥的因素，爲美軍創造優勢，一旦創造了優勢，必須熟練地加以運用以擊敗敵軍。❹總的來說，「戰略態勢」在戰場上代表的意涵包括了「物質力」（雙方的作戰力量）、「時間」（作戰時間）、「空間」（戰場空間）三者力量的評估。通過這三者的比較，會產生出各種不同的態勢。所以說，「戰略態勢」是一種「物質力量」與「時間」、「空間」相結合的謀略活動。

　　「**勢**」**實爲戰場上敵我用兵企圖所形成的一種樣式，它是一種動態的發展，並非是一個不會改變的「形狀」。**「有

利」的戰略態勢必須要藉由指揮者的創造運用，才能克敵制勝。「不利」的戰略態勢也要靠指揮者提早發現，才能避兇化吉。戰略態勢分析是一種「用兵的藝術」與「科學的表現」，「因勢用兵」和「創機造勢」的思考，更須從具體的作戰態勢中去體會，才能指揮大軍作戰。

戰略態勢的實際應用

明瞭「戰略態勢」的實質意涵後，對於如何將戰略態勢變為一種「可操作性」的學術研究或思維活動，必須臚列出「戰略態勢」的相關因素，並從其間找出互動關係，才可確實掌握戰略態勢的運用。「戰略態勢評析」所考量的基本因素有：第一，敵我雙方兵戰力的比較；第二，雙方兵力位置；第三，雙方兵力位置與補給線的關係；第四，爾後的發展等四項。四項因素評析完畢後，指揮官概可獲得「有利」或「不利」的結果，其中又可從「利」或「不利」的因素之中找出最為重要的「關鍵因素」，以作為對下級部隊和各參判斷的作戰指導。茲將四因素分析如下：

一、敵我雙方兵戰力的比較

　　兵戰力爲測量一支部隊作戰能力的基準，也爲戰場上比較雙方戰力孰優孰劣的尺規，因此有關戰爭前的準備，任何一方無不想方設法建立起自己強大的武裝力量，以備作戰所需。值得注意的，兵戰力的比較值在第一次世界大戰以前，其計算的標準多以兵員或武器數量多寡爲基礎（主因武器所產生的效能相差無幾）。但二次大戰以來，由於武器科技的精密度與殺傷力大幅提升，作戰距離與範圍遠超過以往的戰爭限度。故**兵戰力的計算方式，必須重新思考。一支有效部隊的組織、裝備、士氣、訓練、精神、意志、紀律，甚至思想意識形態等因素，都被列爲敵我雙方戰力比較的因素。**

二、雙方兵力位置比較

　　所謂兵力「位置」之意，依據約米尼的解釋，它應包括**戰略線、戰略要點（域）、決勝點及目標區**等要項。**❺**戰略線是由其地理位置或臨時機動性的因素而產生的。而地理性的戰略線又可區分爲兩種：第一種是永久性的重要地理線，也可稱之爲戰場上的決勝點；第二種則是

因為它的位置是連結兩個戰略點，所以才有戰略上的價值。上述戰略線之所以會成為重要的評估價值，主因這些點或線因其位於作戰行動的要衝而得名，就是所謂永久地理性的戰略要點，亦是兵家必爭或必守的作戰位置，凡先占領或取得，即對作戰的成敗具有決定影響者。例如在台灣眾所熟知的大肚山與大肚溪，該地區即是所謂的「戰略線」或「戰略要點」。另外，有些位置是由於敵人的主力位置和我軍對敵運動的方向所造成的微妙關係，因為這是一些偶然性的要點，所以稱之為「戰略要域」。❻而所謂「決勝點」與「目標區」，則是雙方將來可能會進行大規模決戰（主力與主力的格鬥）的某一地點或區域。

通常，戰場上的決勝點又以地理上顯著的「點」和「線」較具永久性的價值。例如在中國大陸長江中游的武漢三鎮，它可扼控長江與漢水的匯合點，且為主要的交通中心，因而誰控領該區域，即會對整個戰局產生決定性的結果，無論攻者或防者都會盡全力奪取（防守）之，因此在此一區域較易形成主力對主力的決戰。

「大軍用兵」思考，必須仔細區分這些地方會對我方的用兵產生何種影響，即須研判我軍應該或不應該向

該地區進出。誠如《孫子》〈地形篇〉對地形的認知一樣：「地有通者，挂者，支者，隘者，險者，遠者……凡此六者，地之道也，將之至任，不可不察也。」用兵之道與地形不可分開的，而在不同位置上部隊即產生出不同的能量，而依據不同的能量，其所產生出的效果即會不同。是故，不知山川險易之形，就不能知地形對用兵之利害，而用兵之正確指導，必須發揮地形之利，始可制勝。

三、雙方兵力位置（戰略位置）與補給線的關係

兩軍對陣，各有部署，一支軍隊為了達到決勝的目標，或是為達成某種重要的機動目的，將作戰基地、補給線設置在與戰略位置相關的地點上，而這些路線與作戰位置即形成了極為密切的關係。

然而，後方基地是前方部隊戰力的保障，相對的也成為前方部隊必須確保的要域，無形中補給線極可能變為前方部隊的致命處，這就是所謂「戰略翼側」的危機。一支軍隊的「作戰正面」，如果越靠近敵方的補給線，就越能對敵方造成威脅。故有「戰略翼側」❼的一方必然較為危險，所以，作戰過程中，各造皆會無所不

用其極地採用各種謀略手段，努力地消除自己（或威脅對方）的「戰略翼側」。指揮官更是必須格外注意到雙方兵力配置與補給線這樣的關係位置。

四、爾後發展

「爾後發展」必須根據前三項因素的評估結果，再經由仔細的歸納推理，才可得出合理的推論：「以目前敵我雙方所擁有的既成條件（事實），若雙方都以原來的兵戰力採取可能的行動，可能會造成何種結果」。上述的推論作為預估未來可能的發展，稱之為「爾後發展」。

本項因素之所以會列為「戰略態勢評析」的思考因素，主因前三項的因素屬於「既成事實」，為一種經驗性的結果，是建立在既成事實的歸納邏輯上。「爾後發展」這種推導式的思維方式雖有其預測的成分，但主要是提醒用兵者，可能會因前三項因素而產生「何種有利（或不利）的未來因素」，從「爾後發展」的思考中，幫助用兵者逐步找到決定戰爭勝負的「最為關鍵的因素」。

戰略態勢的戰史例證

本節為說明「戰略態勢評析」的實際運用，特以1991年9月6日美軍在發動對伊拉克的軍事行動前，美軍與伊軍雙方在沙烏地阿拉伯周邊地區兵力部署的狀況比較，作為說明。

一、1991年9月6日　美、伊雙方狀況（如圖4-1）

（一）伊拉克入侵科威特前的狀況

兩伊戰爭後，伊拉克因擁有配備精良、作戰經驗豐富的大軍，致使伊國總統海珊產生獨霸中東的野心。海珊為求消除兩伊戰爭期間，積欠科威特150億美元之龐大外債，並掌握世界40%的油源，遂於1990年7月19日，指控科威特持續10年在其邊界地區盜採石油為藉口，要求科國賠償40億美元。7月24日及30日，伊軍先後調遣3萬與7萬名精銳部隊至科、伊邊境處集結。

（二）伊拉克入侵科威特後的狀況

8月2日凌晨5時，伊軍在350輛戰車之前導下，不宣而戰，以奇襲方式向科國發動攻勢，科國三軍在毫無抵

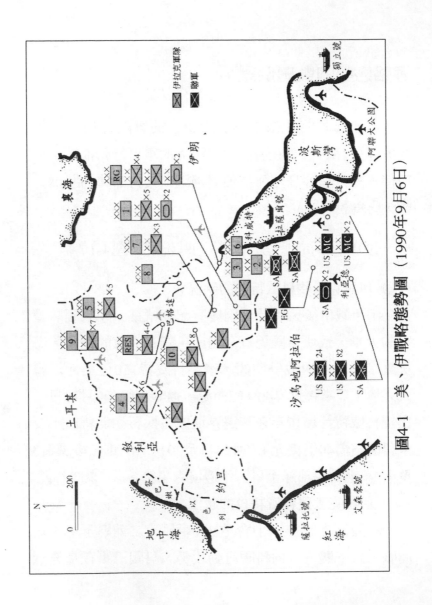

圖4-1 美、伊戰略態勢圖（1990年9月6日）

抗狀況下潰散，當日17時，伊軍攻陷科國首都，科國國王賈比爾及政府要員逃亡沙國，8月3日伊軍掃蕩殘餘科軍，並進軍科、沙之間中立區積極從事作戰準備。

（三）美國介入波斯灣的情勢

美國基於其戰略利益及維護世界和平與正義之責任，布希總統於8月3日，緊急派遣「獨立號」航母戰鬥群（含80架戰機、7艘軍艦），由印度洋駛往波斯灣，展開「沙漠之盾」演習，並宣佈「不排除動武以制止侵略」，同日美國國務卿貝克與蘇聯外長謝瓦納茲，在莫斯科發表聯合聲明，譴責伊拉克之入侵行為，並呼籲世界各國停止對伊拉克武器供應，要求伊軍立刻撤離科國。

（四）伊拉克軍隊部署的狀況

8月4日伊軍在科、沙及伊、沙邊界，已集結12萬部隊與500輛戰車，其後仍繼續增加駐科兵力。8月9日海珊煽動包括約旦、利比亞、蘇丹等阿拉伯國家人民，組織「捍衛阿拉伯國家人民委員會」，籌組志願軍，準備奪回沙國境內回教聖地——麥加與麥地那，並對美國進行一場聖戰。同時擴大阿拉伯人民「反美」及「反以色列」之情緒，並企圖推翻沙國國王。8月28日伊拉克宣

佈永久兼併科威特為其第十九省，至9月6日伊軍已完成動員，部署於科、沙邊境迄科威特灣之部隊已達26個師，另將共和衛隊8個師集結於科、伊邊境，地面部隊約43萬人，戰車4,000輛，作戰飛機663架。

（五）美國軍隊及盟軍部署的狀況

8月4日沙國下令三軍進入高度緊急狀態，並於8月6日同意美軍進入沙國協防。8月7日聯合國安理會通過對伊拉克實施貿易及財政禁運，8月8日美軍首批部隊第八十二空降師一個旅及F-15戰機50架抵達沙國；8月9日美國航母「艾森豪號」率戰鬥群入紅海。8月中旬，美國及少部分親沙之阿拉伯國家，陸續增兵沙國，美國並籲請聯合國各會員國，編組聯軍協防沙國，由美國中央戰區指揮部司令史瓦茲可夫將軍指揮，其後經美國外交運作，聯合國安理會於8月26日第665號決議案，允許美國及其他國家派遣艦隊，執行對伊拉克之經濟封鎖。自8月8日迄9月6日止，美國先後計有第八十二空降師、機械化第二十四師、陸戰第一師及二個旅兵力進駐沙國，地面兵力約6萬餘人，戰車600輛；海軍兵力為三個戰鬥群作戰艦21艘，另作戰飛機共約200架。（如表4-1）

表4-1　1990年9月6日 美、伊雙方戰力比較表

國別 數量 區分	聯軍				伊拉克
	合計	埃及	美國	沙烏地	
陸軍	103,000	3,000	30,000	70,000	430,000
陸戰隊	31,000		31,000		
戰車	1,300	150	600	550	4,000
戰機	389		200	189	663
附記	一、依據美國海軍學術研究資料稱：1990年9月6日美軍前進部隊計有空降第八十二師、機械化第二十四師、陸戰第一師及二個旅兵力。 二、從上述兵力對比，伊拉克戰力顯較聯軍具三倍優勢。				

資料來源：胡敏遠主編，《野戰戰略現代戰爭之部講義》（桃園：國防大學戰略學部，2004年），頁30-5。

二、1991年9月6日　美、伊雙方戰略態勢評析

（一）問題性質：

正在集中之聯盟部隊，面對一個有攻勢意圖，且已集中，並展開完畢之國家威脅時，其戰略態勢之研究。

（二）有關因素：

1.雙方兵力與戰力。

2.集中位置與速度之關係。

3.「補給線」狀況與「作戰正面」之關係。

4.伊拉克取攻勢對「爾後作戰」之影響。

（三）分析：

1.伊軍兵力與戰力極具優勢，沙漠作戰經驗豐富。美、沙聯軍的兵力與戰力在波灣地區相對較居劣勢，且統一指揮體系未建立。

2.伊軍兵力集中，並已完成作戰準備；美、沙聯軍刻正集中，且美軍從本土及德國運輸，集中費時。

3.伊軍基地距第一線近，目前雖受經濟制裁，惟補給狀況仍佳；雖有「戰略翼側」，但不受傳統兵力的立即威脅。美、沙聯軍補給由美國本土經海空運補，距離遠，且補給存量仍未建立。

4.伊軍若趁美、沙聯軍尚未集中完成，兵（戰）力劣勢之際，驟然發動攻勢，可擊敗美、沙聯軍，屈服沙國。

（四）1991年9月6日 美、伊雙方戰略態勢之結論：

伊軍戰略態勢極有利。理由如分析。

第二節　野戰戰略的「四段式思維」

「四段式思維」之一：問題性質

　　「四段式思維」是一種決策的思維方式，以找出某一時空環境條件下，複雜戰略問題的「關鍵因素」。**野戰戰略「四段式思維」的邏輯架構為：「問題性質」、「有關因素」、「分析」、「結論」。**此思維與前章所探討的「理性選擇」（Rational Choice）研究途徑，有許多的相似之處（讀者可前後相互參考）。本節除了對四段式思維邏輯中的每一過程提出說明外，也將以1944年德軍在大西洋防衛的兵力部署與作戰指導作為說明，讓讀者能藉由戰史的經驗，深入理解野戰戰略「四段式思維」的邏輯結構。

　　戰場上，指揮官最感痛苦的，莫過於在狀況混沌不明時下達決心。「問題的界定」即是在幫助指揮官找出一個思維的開端。所謂的「問題」就是應然現象和實際

現象之間出現了落差，困惑了決策的下達，因之**決策的考量必須從「發現問題」開始。**[8]而要如何突破此思維的缺口，則須**從混沌不明的狀況中，不斷地發覺「為什麼」及「是什麼」，再從這些「為什麼」及「是什麼」之中釐出一至二項最核心的問題，這樣才較可能對於混沌不明的狀況，界定問題性質的內涵。**要發現問題並不容易，確認問題更是十分嚴肅的事。一切作戰問題必須從實際狀況出發，需要用實事求是的態度具體思索，才能真正地發現問題之所在。

例如，二次大戰末期，德軍對英、美盟軍到底會在何處登陸，始終無法判明，因而德軍在大西洋沿岸的兵力部署（大西洋長城防禦計畫[9]）未能形成重點。（如圖4-2）更有甚者，德軍的指揮機制發生嚴重的錯亂，導致聯軍在諾曼地登陸之初，德軍未能掌握先機，讓聯軍得以登陸成功。倘若，德軍在聯軍登陸之前，即能運用「野戰戰略」的思維方式，提出許多可能性的假設，並針對眾多的假設，判別聯軍「為什麼」會採取諸多的可疑行動，諸如：聯軍在登陸前不斷轟炸德軍後勤設施、重要道路、橋樑；聯軍不斷在加萊與諾曼等地區實施裝載演練；不斷設置各種假營地、偽登陸場……等欺敵設

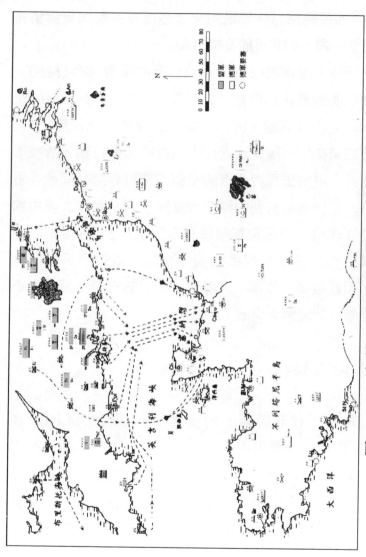

圖4-2 1944年德軍大西洋長城防衛作戰兵力部署圖

資料來源：http://www.dean.usma.edu/dhistorymaps/WWIIPages ww2e154.htm

施，^⑩如能認清這些都是用來迷惑德軍視聽知覺與情報判斷的手段，即有可能改變戰局。

另外，德軍可從以上「為什麼聯軍要這樣行動」，研判出其最嚴重的問題「是什麼」，即可針對聯軍的企圖，界定出其問題。因為，盟軍種種的「為什麼」，是要使德軍機甲部隊無法遂行大規模的反擊行動。故德軍若從此一缺口去思考盟軍的企圖，則可界定其問題性質——「如何善用有利的戰略預備隊，對敵實施大規模的反登陸作戰，以使盟軍無法在歐陸上岸」，其後續的戰略問題即可從「如何籌組與運用強大戰略預備隊」著手。順此發展，德軍「大西洋防城」的守勢作戰，應不會那麼快即遭盟軍突破。

「四段式思維」之二：有關因素

對於「有關因素」的確認，必須緊扣「問題性質」。因為，「關鍵因素」的形成，來自於指揮者對複雜問題方向的確認。當問題方向已確認之後，「關鍵因素」才能在「問題性質」的導引下，逐漸在指揮者的腦海中浮現出來。如何確定哪一項是與問題最為有關者，

在於思考相關要素時，要有一個「整體」的概念，對於敵我、戰場、時間、空間……等因素，能夠作出順序性的整體思維，而非僅著眼於當下立即的勝負問題而已。

「關鍵因素」的內涵即在於：何項因素會對當時整體戰場狀況造成成功或失敗，即成為那一時刻的「關鍵因素」。**通常「關鍵因素」的判斷是必須依據戰爭中的內部環境（我軍、友軍、訓練、士氣等）及外部環境（敵軍、地形、時空因素等）交互分析比較，之後方可找出一項對我最有利，而害處最少的「關鍵成功因素」。**決策者惟有站在戰略制高點上看問題，運用「有關因素」的思考方式，才能掌握戰場全局。

再以前述的戰史為例，若德軍當時界定的「問題性質」是：「如何遂行大規模的反擊，使盟軍無法著陸上岸」。那麼，這個問題的「關鍵因素」應為下列二點：首先，如何集中所有可用的裝甲部隊，並將其置於一個具備彈性運用的適切位置。其次，如何在聯軍空中優勢下到達灘岸並實施反擊。最關鍵的因素為第一項。至於聯軍在何處登陸，應視為「次要的」關鍵因素（當時德軍最高指揮部卻視最嚴重的問題[11]）。因為，只要德軍裝甲部隊能集中，且置於具有彈性運用的空間，德軍仍具

備掌握戰場的主動權。反之，德軍最高指揮者（希特勒）所最關心的問題，是在如何瞭解「聯軍將在何處登陸」⓬，因而喪失了戰場主動權，並跟隨著聯軍的欺敵腳步起舞，最終遭致失敗的下場。

「四段式思維」之三：分析

決策理論家認為，決策者是在一個「可感知」的總體環境中進行決策，其中包括作為內部環境和外部環境的兩個系統。⓭這兩個系統即是要針對各個因素進行利弊分析，然後判斷出那一項是最為關鍵的因素，這是一項極為複雜的工作。⓮

在真實的戰場上，最後的判斷看似簡單，卻是極為痛苦的過程。兵學名家克勞塞維茲曾說：「戰爭的一切原理很簡單，正因其簡單，也便是困難之所在」。因為，克氏認為戰爭景況具有如下幾種性質：一、戰爭的危險性；二、戰爭令人肉體勞苦；三、戰爭所得情報的不確實性，在戰時所獲得的情報以虛偽的信息為多，所以關於危險的情報，往往不屬於虛偽的情資，便屬於誇大的信息，這均足以擾亂指揮官的判斷力；四、戰爭中

的障礙，這是指在戰爭中常發生的偶然情況，如部隊行動的困難，不測的天候、氣象的影響等障礙，都足以阻滯軍事的行動。❶從克氏對戰場景況的真實寫照來看，對於不確定情報資料的判讀，極有可能造成戰場指揮官產生錯誤的判斷，而未能依照「野戰戰略」的思維來下達決心。畢竟戰場景況不同於平時，「決心的下達」往往是對指揮官意志的考驗。**指揮官須具備克服戰場氛圍的智慧、意志與勇氣，如危險、人體的勞苦、不確實性、偶然性等因素，才能作出冷靜、正確的「決策」。**

再以前述戰例加以說明，當聯軍第一波登陸部隊開始向諾曼第突襲上岸，同時配合傘兵部隊在登陸地區後端空降著陸時，德軍西戰線指揮官倫德斯特即下令在諾曼第海岸後方的一個裝甲師，立即向該地區實施反擊，但靠近加萊地區的另外七個裝甲師，因受制於德軍最高統帥希特勒而無法全數運用❶，造成德軍反擊未能奏效。❶倫德斯特為指揮德軍第一線的最高指揮官，因具備深厚的戰略修為，及親臨前線指揮，其決心下達極為迅速與正確，但因戰略預備隊的使用權在希特勒手中，因而其決心無法發揮最大效用。

「四段式思維」之四：結論

「結論」乃是綜合上述各個階段的思路，進行全面性的歸納與推理。然而，**「結論」所獲得的答案並非一成不變，結論僅是告之在此時間期限內，決策者應採取何種行為較能適應當前的狀況。由結論所作出的行動方案，仍必須將其放置在作戰計畫與指導中去檢驗，才能證明所作出的推理是否正確。**實際上，戰場的特殊性也是一場極為殘酷的現實景況，它將不斷考驗指揮者的智慧、毅力、勇氣與決心。

因此，「野戰戰略」的思維模式在告訴我們，作戰的思維模式是一個不斷反覆重新思考的模式。而在每一時期的思考過程中，指揮官都須具備相當的洞察力，經由嚴謹的思考，使之成為一個完整的邏輯通路，此點與「理性選擇」的思維模式可謂不謀而合。

第三節　用兵思維的重點

「力」、「空」、「時」的運用

　　拿破崙說：「戰略就是如何運用時間和空間的藝術。我對於後者尚不如對於前者那樣珍惜。空間是可以收復的，而時間則否。」⑱任何的作戰必然是兩個作戰實體的武力對抗，或兩者之間的兵力強弱與消長，而且是在一定的時間與空間內進行。例如攻防對抗之中，採取守勢作戰的部隊，通常多為兵力較為薄弱的一方，大多會使用縱深配置、多層次防禦，以爭取在劣勢兵力下的時空優勢，「時間」與「空間」必然會成為守勢作戰中獲勝的關鍵因素。反之，採取攻勢作戰的一方，則強調運用「間接路線」作戰方式（迂迴、包圍、突穿），設法使敵軍兵力分離，而分割擊滅的作戰形式。⑲總之，在敵我對抗的爭鬥過程中，無論任何一方都會在「時間」與「空間」中爭取有利的時機。

考量整體戰勢時，「力」、「空」、「時」三個因素可以單獨存在，以作為與敵軍比較戰力的憑據，但三者又可視為一個整體性的關係。當三者視為一個整體時，空間與時間將圍繞著戰力，並以戰力為核心。因為，整個戰力的核心即是與敵軍的戰鬥，而戰鬥則是達成戰爭目的與戰役目標的手段。任何一支部隊的戰鬥力必須具備有形的戰力（包括打擊力、機動力、防護力、指揮力、後勤力等）與無形戰力（包括思想、武德、士氣等）兩種成分。所以，整體力量的呈現是一股有形與無形力量相乘的總和。

　　戰鬥力的具體表現及其運作的基本規律，必須與環境條件相互配合。所謂的環境條件即是「空間」與「時間」兩項因素。「空間」指的是部隊所處的位置，及其由所處位置向任何方向（通常是敵方或向後撤退的方向）延展的空間，此一空間包括部隊部署機動、發起攻勢的空間，也包括戰鬥過程中可能繼續實施追擊或向後轉進的空間，所以「空間」的延展性非常大。另外，「空間」也可在軍隊占領下，成為己方或敵方所得的地域概念，這種占領的空間取決於雙方戰鬥力的大小，換言之，在這個意義下，戰鬥力即是對空間的掌控能力，所以空間

具有「重複性」的概念。因此，「空間」不僅具有「延展性」，並且亦可以「重複地擁有」，空間可在某一時間範圍內，爲敵方所有（敵方戰鬥力較爲強大），但也有可能在另一個時空範圍內爲我方所有（我方戰鬥力已較敵方爲強），它可「得」也可「失」，「空間」的存在概念是與「戰鬥力」形成一種共生共存的關係。

「時間」的概念，主要是藉由「過去－現在－未來」直線式的發展過程，成爲在戰場上制約戰鬥力的必要因素。時間與空間最大的不同，在於時間不具有重複性。時間消逝後，即不能再重新獲得。所以，戰鬥過程中敵我雙方都會儘量爭取時間上的優勢，同時要讓對方無法完成其所想要完成的企圖，如此才能在時間的向度上掌握優勢。尤其在作戰過程中，掌握時間優勢的一方，往往可以創造出奇襲的戰略思維。簡言之，奇襲之所以可能，主要是發揮了「戰鬥力」與「時間」因素的配合，因而它也可稱之爲「時間的奇襲」。[20]總的來說，「力」、「空」、「時」三者之間，具有極爲複雜與相互保證的關係，運用要領在於用兵者能否將三者的互動關係掌握得宜。

「用勢」與「造勢」的意涵

　　所謂的「勢」，通常在作戰運用上分為「自然之勢」與「人為之勢」兩種，然而這兩種「勢」的運用則是由「人」的因素所決定，人具有掌控「主觀判斷」與「客觀形勢」的雙重能力。在一個新的「勢」尚未形成之前，或在舊有「勢」之中發現若干的關鍵轉變點，人可以藉由主觀的認知、理解與創造能力，經由不斷的反思與檢證主體／客體之間的辯證發展關係，進而創造出一個「人為之勢」。惟一旦形成所謂的「勢」，「勢」即會對人的主觀能動性有所制約，人也就必須在此一「勢」的形成之下亦步亦趨地隨著「勢」的推展前進。「人」**與「勢」存在著建構與創造的互動關係，「勢」可制約「人」，「人」也同時在創造「勢」**。因此，《孫子》〈兵勢篇〉：「勢者，因利而制權」。孫子所指的「勢」是指影響軍隊實力有效發揮各種因素的總和，而不是單指某一方面的狀態。

　　故「用勢」與「造勢」的研究，須將主體的認知能力與客觀環境的發展進行一場辯證性的思考。此**「勢」**

之意，是要「人」懂得運用有利的「形勢」與「時機」，以發揮「人」的主觀能動性，權衡機宜，臨機應變，以達「利用勢」與「創造勢」的目標。

至於如何「利用勢」與「創造勢」，必須對「勢」作進一步的剖析。事實上，「勢」實具有「綜合性」、「相對性」、「動態性」等三方面的內涵。綜合性的「勢」是指戰場中的我軍、敵軍、戰場環境和天候等組成的綜合體；相對性的「勢」是體現戰場中敵我力量相對比較的力量；動態性的「勢」指的是作戰中敵情、我軍和作戰環境都在不斷變化，所以「勢」會隨著時間的推移而不斷地運動變化，這就是勢的變化性。㉑由上述「勢」的三種特性可以知悉，在戰場上要懂得「用勢」，必須要從敵情、我軍、地形、天候等各種客觀因素深入理解，並藉由指揮者深謀遠慮地部署兵力，同時又能不斷運用各種手段制約敵軍的行動，才算是能發揮「利用勢」與「創造勢」的效能。

「用勢」與「造勢」的另一層意涵，指的是對於戰爭決策的慎重。戰爭乃雙方鬥智與鬥力的戰鬥行為，加上戰場上具有極高的「不確定性」與「概然性」，指揮者必須兼具敏銳的觀察力與推理能力，才不會迷失在瞬息萬變的

戰場中，此即克勞塞維茲所謂「戰爭之霧」的涵義。一個善於運用「勢」的指揮者，須能明析戰場地略形勢、洞察雙方兵力態勢，進而利用敵人的錯誤，以達「創機造勢」的效能，才符合孫子所謂「善戰者，求之於勢，不責於人，故能擇人任勢」的標準。

鑑於此，「大軍用兵」思維中，特別重視對於「勢」的創造與運用。但是，「如何創造『勢』」與「如何掌握既存『勢』中的關鍵因素」則是「大軍用兵」的核心所在。**「勢」實包括了「作戰態勢」和「行動中由態勢所發出的威力之勢」兩個層面**，而這兩個層面都必須經過人為的算計才能實現，「創機」與「造勢」的力量不可能憑空而生，必須經過一個慎密的計劃與策定過程，才有可能達到「出敵意表」的效能。㉒

作戰過程中的布局與造勢，是為了遂行任務而創造有利的戰略態勢，而態勢的形成又須不斷地算計各種影響因素（包括作戰力量、編組和配置，考慮作戰企圖、行動方案、戰場的時間與空間等）。通過這樣的計算，最後才能在指揮者心中呈現出一幅指導整體作戰的圖廓。

本章小結

「野戰戰略」的思維方式是一個歸納性、判斷性的思考程式，經由戰略態勢分析、界定問題核心、妥善運用各種用兵要領，進行合理的分析與邏輯推理，並以此作為下達決心的根據。

研究客觀的戰場環境或戰略形勢，實質上並無一定的模式可以遵循，它經常包含了正常的規則，同時包含了反向的邏輯思考在其中。至於如何創造與利用客觀的「勢」，這點不僅是兵家哲學思想的核心，也是兵學研究的主要對象。誠如《孫子》〈始計篇〉所說：「計利以聽，乃為之勢，以佐其外；勢者：因利而制權也。」〈兵勢篇〉又說：「故善戰者，求之於勢，不責於人；故能擇人任勢。任勢者，其戰人也，如轉木石；木石之性，安則靜，危則動，方則止，圓則行。故善戰人之勢，如轉圓石於千仞之山者，勢也。」孫子所謂的「勢」是依我之利益所在，採取權宜之處，而不拘泥於常法。❷³

吾人必須知道，**用兵的思考架構是一種「結構」（整體）與「行為」（局部）相互結合的綜合運用。**「結構的運用」

是指以一系列相互有關的元素，爲達成某一特定的目的，進行一場有系統的排列組合。而「行爲」則是行動體（謀略者）爲達成某一特定目的，而不斷創造與發揮其自主能動性的實踐，以使行動體能夠不斷地與「結構的運作」互動。

　　明乎此，「野戰戰略」的思考，主要的目標是要屈服敵人，故從事大軍作戰的指揮官必須明瞭「戰場的結構」，包括了有形的結構因素（天候、地形、敵情、友軍……）與無形的結構因素（戰略、紀律、士氣、制度、文化……）。至於「行爲」則包括了敵我雙方可能或不可能的作戰行動，而這些行爲都是指揮者必須顧慮的重要因素。一個卓越的指揮者必須能掌握「結構」與「行爲」兩個層面的互動因素，才能成爲用兵的主人，進而主宰戰場。

▌▌▌註釋

❶薄富爾，鈕先鍾譯，《戰略緒論》（台北：國防部史政編譯
　室，1979年），頁56-58。

❷《國軍軍語辭典》，頁2-7、2-8。

❸岳嵐，《高技術戰爭與現代軍事哲學》，頁168。

❹吳福生譯，《資訊時代的戰爭原則》，頁76-77。

❺約米尼，《戰爭藝術》，頁81-82。

❻　約米尼，《戰爭藝術》，頁82。

❼所謂的「戰略翼側」，是指敵作戰正面靠近我方補給線，謂之
　我有「戰略翼側」的危機。詳見本書第八章有關補給線之內
　容。

❽馮之浚、張念椿，《現代戰略研究綱要》（浙江：浙江教育出
　版社，1998年），頁28。

❾所謂大西洋長城，係以一部兵力部署於歐洲大陸西海岸線；從
　格力斯納角、塞納河、可太丁島至布列塔尼半島的沿海地區，
　並加強上述地區的防禦設施，藉由海峽天險、障礙與兵力的結
　合以防止英、美盟軍的登陸。詳見陳郴，〈諾曼第戰役期間德
　國防衛作戰之探討〉，《歐美研究》，第32卷，第3期，2002年9
　月，頁503。

❿Rostow, E., Pre-Invasion Bombing Strategy： General Eisenhoer's

Decision of March 25, 1944. Upland ： Diane 1997, pp. 65-66.

⓫陳梆，〈諾曼第戰役期間德國防衛作戰之探討〉，頁518-519。

⓬1944年初盟軍爲能達成在諾曼地順利登陸成功之目的，於發動攻勢之前半年，盟軍遂行了無數的欺敵行爲，包括在加萊海岸海的對岸設立無數的假設施、僞裝停車場、渡船場、僞營地……等，同時利用大規模的空中轟炸加萊地，讓德軍認爲盟軍未來必將會在加萊地區登陸。尤有甚者，盟軍利用德軍畏懼美軍第3軍團（巴頓軍團）的心理，讓第3軍團不斷的停留在加萊的對面多佛海岸，進行假裝載與僞登陸等欺敵行動，使德軍誤認巴頓軍團將在加萊地區登陸的假像。由於盟軍欺敵的成功，才有日後盟軍在諾曼地地區登陸的成功。詳見《三軍大學野略三部講義》（台北：三軍大學印刷，1997年），頁462-468。

⓭詹姆斯‧多爾蒂、小羅伯特‧普法爾茨格拉夫，閻學通譯，《爭論中的國際關係理論》第五版（北京：世界知識出版社，2003年），頁595。

⓮馮之浚、張念椿，《現代戰略研究綱要》，頁31-32。

⓯成田賴武，李浴日譯，《克勞塞維茲戰爭論綱要》（台北：黎明出版社，1990年），頁28。

⓰《三軍大學野略三部講義》（台北：三軍大學印刷，1997年），頁466。

⓱Hart B. H. Liddill, History of the Second World War (London: Cassell, 1978), p.243.

⓲《戰爭指導》（台北：麥田出版社，1996年），頁63。

⑲潘光建，《孫子兵法別裁》（桃園：陸軍總部編印，1990年），頁183。

⑳江林，《戰鬥規律》（北京：國防大學出版社，2000年），頁160-161。

㉑張興業、張站立，《戰役謀略論》（北京：國防大學出版社，2002年），頁262-266。

㉒孫繼章，《戰役學基礎》（北京：國防大學出版社，1990年），頁307-316。

㉓魏汝霖，《孫子今註今譯》（台北：台灣商務印書館，1989年），頁74。

第二部

野略用兵的理論與方法

第五章

速決作戰與持久作戰

　　「野略」是藉兵力之運用，在戰場上殲滅敵人，爭取軍事目標爲主。因而「野略」的用兵方針必須是明確的，且須符合國家戰略的基本需求，才有利作戰發展。**「野戰戰略」的運用必須與整體國家戰略方針緊密結合**，速決作戰或持久作戰方式的決定，是大軍在最初接獲政治訓令下，思考「大軍用兵」方向的基本方針，此一決定關乎到國家基本國力與作戰條件能否相配合的問題。若此一決定錯誤，未來用兵必將陷於左支右絀的困境，或使「目的」與「手段」困於南轅北轍的窘態。

　　西方兵學名家薄富爾說：「所謂『大戰術』❶的選擇者，事實上就是戰略家。因爲戰略所要決定的，即是鬥爭的形式；是攻勢的還是守勢的……對於軍事力量的使用是直接的還是間接的，主戰場是政治性的還是軍事

性的。」❷薄富爾之意，在於提醒主政者在戰爭爆發之前，就能思考到作戰全程的發展。由此可知，速決或持久作戰方式的決定，對於戰爭全般發展何其重要。

第一節　軍事與政治的關係

帶有政治性質的軍事決策

自從18世紀以來，戰爭決策與武力使用的範圍，已顯少不受政治因素的影響。當一個國家涉及戰爭的發展及對戰爭目的與戰爭目標的確定時，始終會與政治目的聯繫在一起。克勞塞維茲說：「戰爭是政治的延續（或工具）」。他認為戰爭的政治原因對戰爭的進行具有強烈的影響力，政治目的不大，戰爭的目標就小，而戰爭不過是政治交往的一部分，決不是任何獨立的東西。❸克氏的觀點主要將戰爭行為與政治目標作一個有系統的辯證結合。簡言之，**戰爭帶有政治的性質，同政治緊密結合**。

武力戰的本質須依靠戰鬥才能達成政治目的，而武力戰是以如何「屈服敵人」為首要任務。是故，大軍用兵的指導必須同時思考政治目的，也須思考如何克制敵人。從以上脈絡不難發現兩個不同的專業問題：**首先，關於是否要發動戰爭的決定？**（即所謂「打或不打？」的決定）；**其次，有關如何進行戰爭的問題？**（即有關「如何打？」的問題）。「打或不打」的決定權（戰爭發動權）為政治考量。設若政治決定要遂行戰爭，則一切的軍事手段或用兵指導都必須受政治指導。至於「如何打」（戰爭如何遂行）的問題，則牽涉到軍人的專業。

速決戰與持久戰的決定

戰爭為政治活動中的一部分，必須服從政治的指導，這樣的觀念已成為「普世真理」，亦為制定「軍事戰略」的依據。大軍用兵的方法，須視之為國家戰略指導下的手段，須受國家戰略的指導，並完全服從於國家戰略的指導。**欲瞭解速決作戰與持久作戰，必須先界定「戰爭目的」與「戰爭目標」，釐清軍事與政治之間的關聯。**戰爭目的是要為政治服務；運用戰爭的方式（手段）是

為達成政治目標的實現；戰爭與政治是不可分割的整體。依此推論，戰爭目標的設定，須明確瞭解進行戰爭時，能具備多少的手段（資源），同時必須考慮敵我雙方的政治目的。因此，《國軍準則》將「野略」用兵方式依「目的」劃分，分為「速決作戰」與「持久作戰」兩種。❹其真正意涵是要讓用兵最高軍事指揮官，必須記住軍事行動的目的，是為政治的目標而服務。

就克氏觀點言，戰爭的遂行是要靠軍事武裝力量的運用來達成政治的目的（或目標）。所謂「武裝力量的運用」，實質上指的就是國軍戰略中的「野戰用兵」層級。因此，《統帥綱領》對野戰（是指武裝力量）用兵的方式，依「目的」（乃受政治指導下的軍事目的）分為速決作戰與持久作戰。是故，速決作戰與持久作戰方式的決定，實與政治目標密不可分的關係，國軍八年抗戰採取持久戰略的決定，即為最佳明證。

速決與持久的戰略決定，可說是政治決策者與軍事指揮官所要共同掌握的戰略方針。採取速決或持久的戰略決定必須依據國家綜合國力的盛衰、武裝力量的強弱、國土幅員的大小、民心士氣的向背等因素決定之。因此，**採取速決或持久的決定，不僅是軍事用兵的決定，**

更是政治的決定。

第二節　速決作戰的理論與用兵方式

速決作戰的原理

速決作戰是戰爭中各方最欲使用的作戰方式，因為持久作戰必然耗損國力，對國家的發展將造成極為不利的影響，而**速決作戰則是對國家資源與戰力消耗最低的一種作戰方式**。所以，《孫子兵法》〈作戰篇〉說：「兵貴勝，不貴久，兵久而國利者，未之有也。」

速決作戰的主要目的，在於掌握有利的時間因素，運用可期的必勝戰力，一舉摧毀敵方之一切對抗行動，於短時間內殲滅敵軍以結束戰局。❺因此，欲達成速決目的，通常手段都是採取攻勢作戰形式，而其目標也多**以擊滅敵軍有生力量為優先考量**。速決作戰之遂行，應運用機動力強大的部隊，藉海、空軍之支援，力求運用包圍、迂迴等戰略作為，直搗敵人心臟地帶，迫使敵軍放

棄其所憑持的地形或陣地而擊滅之。[6]

由上述學理得知，速決作戰實際上並沒有固定的作戰形式，凡一切的攻勢作戰行動：戰略包圍、戰略迂迴、鉗形包圍、戰略突穿……等都適用於速決作戰。速決作戰特應重視周密計畫、充分準備、秘匿企圖、制敵機先，以壓倒性優勢之兵力，實施連續之奇襲與強襲，迫敵於不利狀況下決戰，儘速結束戰局。[7]

速決作戰成功的條件

依據《國軍作戰教則》，欲採取速決作戰的一方，必須要有以下之時機與條件：第一，兵力絕對優勢或戰略態勢有利時；第二，先敵完成集中，可對敵實施「奇襲」或「強襲」，一舉殲滅當面敵軍主力時；第三，地狹民寡，作戰資源有限，缺乏持久作戰之條件時；第四，敵地廣民眾，戰爭潛力大，企圖實施持久作戰時；第五，國際情勢對我有利，敵內部發生重大變亂，我有機可乘，預期可迅速殲滅敵軍時。[8]除了上述的五項時機與條件之外，本文另外提出三項有利於速決作戰成功的要訣。

一、集中最大的打擊戰力

拿破崙云：「戰爭藝術就是在決勝點上兵力比敵軍優勢。」[9]福煦元帥對拿破崙之名言闡述如下：「欲在決勝點比敵兵力優勢，則必須能發揮統合戰力。欲發揮統合戰力，則必須：第一，集中兵力或使其在相互支援之距離內；第二，每次之攻勢只追求一個戰略目標」。[10]在決勝點上集中最優勢的兵力，實乃達成速決作戰，必須考量的基本理則。

採速決作戰的一方，最關鍵的因素即是掌控時間，以免在未完成速決作戰前，敵方的戰爭潛力或作戰能力有發揮之虞。否則，將不利於速決任務的達成。易言之，集中最大戰力打擊敵軍的要旨，在於儘速於有限時間內迫敵屈服，才符合速決作戰的用兵要領。

二、「奇襲」與「欺敵」交互使用

奇襲使用，是達成速決作戰成功的重要方式之一。大軍作戰的奇襲使用，不同於戰術方式，因為「戰術奇襲」的範圍有限，而目的是為剝奪敵人的時間，讓敵人無法擁有任何準備衝突所需的時間。奇襲的作為是在戰

鬥前便已完成一切戰備整備——即完成全面的戰鬥準備，並比敵軍獲得較多的時間，所以運用上應著眼於「遲滯偵測」及「加速接敵」。例如，在一場戰術性的伏擊作戰中，要能獲得奇襲的成果，須在敵人發現我方時，就要讓敵軍已陷入到被動與挨打的狀況。[11]

「戰略奇襲」的著眼，在於「如何讓敵人陷於錯亂的狀態」，而要達成此種目標，必須依靠「戰略思想的創新」與「欺敵」兩項作為。在「戰略思想創新」方面，例如研究出一項新型的武器或資訊科技，如此一來將使敵方感到錯愕，甚至動搖敵軍作戰意志。二戰初期德軍創造的「閃擊戰」，運用戰車與飛機的相互配合，以產生巨大的攻擊衝力，使得在戰爭之初，德軍能輕易擊敗波蘭與法國，即為明證。至於「欺敵」方面，重點在於如何與政治戰略相互配合，例如政治、外交、宣傳……等方面的作為，都須以誤導敵軍，使敵軍相信我軍將可能會採取某種行動。一項良好的欺敵行為，必須各項戰略作為都能同時發揮力量，並達到使敵方的視聽完全陷於混淆之境，奇襲作為才有可能實現。

三、時間與空間的掌握

任何作戰必然是兩個作戰實體的武力對抗，及其相互之間力量強弱消長的關係，而且這種關係是在一定的時間與空間內進行。拿破崙曾說：「在戰爭藝術中，也像在力學中一樣，時間是重量與力量之間的最大公因數。」[12]因此，「時間」與「空間」的爭奪，為作戰中能否獲勝的關鍵因素。

另外，取速決作戰的一方，必須強調「間接路線」的作戰方式（迂迴、包圍、突穿），設法使敵軍「兵力分離並予以分割擊滅」的作戰形式。[13]「間接路線」巧妙的運用，同樣必須涉及時間、空間與戰力分配的問題。每戰都須集中優勢戰力，掌握時空因素，有計畫地造成敵人的錯覺並給予敵人不意的攻擊，這些都是掌握主動的重要方法，更是速決作戰中不可或缺的條件。

戰史例證

若從上列速決作戰的條件、時機與成功因素來檢視1939年的「德波戰爭」（如圖5-1）。吾人可明顯發現，德

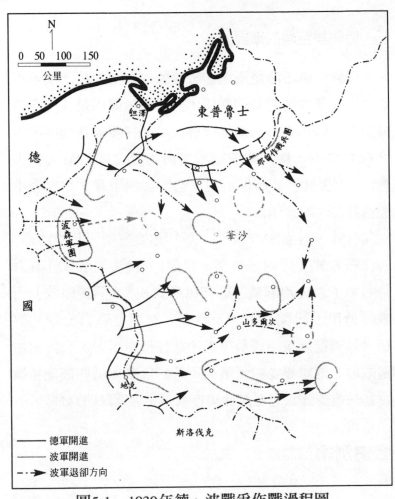

圖5-1　1939年德、波戰爭作戰過程圖

資料來源：《中外重要戰史彙編》（下冊）（桃園：三軍大學編印，
　　　　　1998年8月），頁51。

軍用兵原則完全符合速決作戰的時機與條件。當時德軍戰力優於波蘭數倍之多，而且德軍先期完成集中與展開。尤其，當時歐洲國際情勢，對德國採取姑息態度，所以德軍的速決作戰從初始階段，即掌握了主動權，並且運用迅雷不及掩耳的「閃擊戰法」，以強大戰力在28天之內即將波蘭野戰軍完全瓦解，結束戰局。

第三節　持久作戰的理論與用兵方式

持久作戰的原理

持久作戰為全般作戰中某一特定時間或地區的作戰行動。❶其目的是在於贏得所需要的時間，並使其他方面或爾後之作戰有利。另外，持久作戰的用兵形式須依大軍作戰的目的需要，靈活地採取不同的手段（配合目的之需要），以避免在不利狀況下被迫決戰。持久作戰能否成功，須視「作戰目的」與「作戰手段」之間的配合是否一致，才能發揮此一作戰的功能。❶

持久作戰的形式依大軍作戰的目的需要，可靈活採取不同的手段，其主要形式包括攻勢持久、機動持久與守勢持久（又分一地持久與數地持久）等形式。❶

一、攻勢持久

攻勢持久的作戰乃是以攻勢行動來達成持久之目的。一般採取攻勢持久作戰之兵團，通常為野戰軍主力之一部分兵力而已，其任務為使主力兵團作戰有利或掩護主力兵團之行動，而針對狀況之需要採取有限目標之行動，以牽制或遲滯敵軍的行動，使主力兵團之作戰或行動有利。而對優勢之敵軍取攻勢之持久行動，以遲滯敵軍之前進。❶

二、機動持久

機動持久的用兵要旨，是指當敵我戰力懸殊而我控有廣大戰爭面時，可依機動作戰及游擊戰之精神與要領，實施機動持久，以期妨害敵方行動，保全我方戰力，消耗敵軍戰力而達持久之目的。❶

三、守勢持久

（一）一地持久

在敵軍進攻必經之路線上，固守一個地區遲滯敵軍之進攻，以企獲得所需之時間。實施此種方式需具備：兩翼有天然障礙可爲依托，敵軍不易包圍或迂迴；有極堅強之工事與有利之地形配合，容易消耗敵軍兵力而發揮我軍戰力；陣地大小與我守軍兵力相稱；或我軍有相當兵力爲預備隊，以支援第一線戰鬥或逆襲之用。[19]

（二）數地持久

在敵軍進攻之必經之路線上，選擇相隔一日行程以上之地區，而逐次守衛、節節抵抗敵軍之進攻，以消耗敵軍兵力並遲滯其前進，以企獲得所需的時間。實施此種方式，除應具備「一地持久」所需之條件外，尚需要有：足夠之空間與可用之地形；各地區之後方有容易轉進之路線；有強大之預備隊，以掩護逐次之轉進。[20]

持久作戰成功的條件

持久作戰的時機與條件包括：第一，戰略態勢不

利，兵力顯著劣勢時；第二，地廣民眾，戰爭潛力深厚，而現有戰力顯著劣勢時；第三，敵軍先於我軍完成動員與集中，我軍必須以一部劣勢兵力對優勢之敵作戰時；第四，爲節約兵力，使速決方面作戰有利時；第五，有待國際情勢之有利轉變時[21]；而在學理上，各種持久戰之最終戰略目標，皆爲換取所需之時間，其不同點僅爲方式（手段）不同而已。[22]

除了上述的時機與條件外，持久作戰的成功最重要的是要能正確地判斷敵情、靈活地使用和變換各種戰術與戰法，以掌握地形、天候、軍隊與時間四個環節，以強調分散、集中與機動速度的轉變，才能靈活地運用各種手段，克敵制勝，達成持久作戰的目的。

戰史例證

吾人若以目的與手段的思維來審視1914年德軍在第一次世界大戰初期的坦能堡會戰，即可明瞭持久作戰的真諦。大戰初期，德軍面對東、西兩方面的敵軍，其所採取的策略是「東守（持久）西攻（速決）」。東邊採取持久的目的，是要利於西邊對法國的速決作戰。德國

「東守西攻」的戰略決定，是政治戰略與野戰戰略相結合的最好例證。

當時，東戰線指揮官興登堡元帥及參謀長魯登道夫將軍面對優勢俄軍（戰力比為14萬：27萬）。其所採取的手段為「攻勢持久」，以一小部兵力拘束俄軍北面的一個軍團，而以大部兵力，利用欺敵與鐵道運輸，快速將部隊運抵南方，一舉將南面的俄軍軍團擊敗，爾後再轉用兵力擊敗北面的軍團，此戰史即是赫赫有名的「坦能堡會戰」（如圖5-2）。德軍在坦能堡會戰中之所以勝利，完全運用了有利的時間與空間因素，並看準俄軍兩個軍團指揮官不和，處於指揮分離的有利時機，大膽地採取「攻勢持久」的作戰方式，擊敗俄軍。所以，持久作戰並非完全是被動式的防禦，若能看破好機，仍可運用攻、防、追、退等方式，以達成持久作戰的目的。

本章小結

西方國家的用兵方式大多分為攻勢與守勢兩種，而將速決作戰和持久作戰納入在攻／守勢作戰型態中。本質上，**速決與持久、攻勢與守勢實為一組相互矛盾的對立**

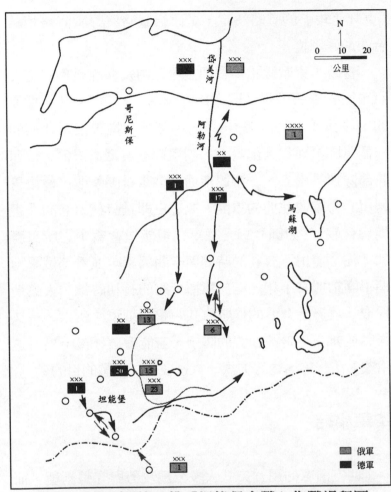

圖5-2　1914年 德、俄「坦能堡會戰」作戰過程圖
資料來源：《中外重要戰史彙編》（下冊）（桃園：三軍大學編印，
　　　　1998年8月），頁35。

關係。因為就戰爭目標言，採速決作戰的一方，即不能同時採取持久作戰的方式。但在局部的戰役中，為達成某方的速決（持久），另外一方可能必須採取持久（速決）的戰略作為。[23]

無論採行速決或持久作戰，敵我各造皆會考量當前的國際形勢，評估自己的綜合國力、武裝力量、地略形勢、國內情勢，戰爭潛力等因素，適當地採取合適的戰法。此一方式的決定是與國家政治戰略方針，緊密結合。而在運用上會以「時間」與「空間」為向度，由這兩個向度來評量，將「力量」進行合理的分配使用。

無論實行持久作戰或是速決作戰，其最好的方法即是掌握主動性、靈活性和計畫性。[24]「主動性」即是軍隊行動的自由權，行動自由是力爭主動並力避被動的重要手段，而要達到此目標，必須發揮主觀指導的能動性，才能乘敵之隙，有計畫地造成敵人的錯覺並給予敵軍出其不意的攻擊。「靈活性」是適當的調動兵力，以轉變敵我優劣形勢的重要手段。而「計畫性」則必須結合一切的國力因素，配合時間、地點、武裝力量的完整結合，才是速決與持久兩者交互運用的最好方式。

▌▌█ 註釋

❶19世紀之後，歐洲國家對於戰術與大軍作戰的層級劃分，是以「戰術」與「大戰術」來區分，而「大戰術」實際上即是爾後歐美國家所習慣使用的「戰區戰略」或「作戰中的藝術」。而在我國則是以「野戰戰略」一詞代表。詳見孔令晟，《大戰略通論》（台北：三軍大學，1992年7月），頁165。

❷薄富爾，鈕先鍾譯，《戰略諸論》（台北：國防部史政編譯室，1966年5月），頁36。

❸詳閱克勞塞維茲，鈕先鍾譯，《戰爭論》（台北：軍事譯粹社，1980年3月），第八篇第五章、第六章；頁945-960。及劉慶，《西洋軍事學名著提要》（南昌：江西人民出版社，2002年9月），頁96。

❹《國軍統帥綱領》（台北：國防部印頒，2001年12月），頁3-10。

❺《陸軍作戰要綱——大軍指揮》，頁4-55。

❻《陸軍作戰要綱——大軍指揮》，頁4-56。

❼《陸軍作戰要綱——大軍指揮》，頁4-55。

❽《國軍統帥綱領》，頁3-18。

❾約米尼，國防部史政編譯室譯，《戰爭中的藝術》（台北：國防部史政編譯室，1995年5月），頁68。

⑩〈野略三部講義——教官說明案〉（桃園：國防大學戰略學部，2004年，7月），頁44-45。

⑪《資訊時代的戰爭原則》（台北：國防部史政編譯室，1999年12月），頁238。

⑫富勒，鈕先鍾譯，《戰爭指導》，頁88。

⑬潘光建，《孫子兵法別裁》（龍潭：陸軍總部編印，1990年），頁183。

⑭《陸軍作戰要綱——大軍指揮》，頁4-57。

⑮《陸軍作戰要綱——大軍指揮》，頁4-58。

⑯《國軍統帥綱領》（台北：國防部印頒，2001年12月），頁2-19~22。

⑰《陸軍作戰要綱——大軍指揮》，頁4-59。

⑱《陸軍作戰要綱——大軍指揮》，頁4-63~64。

⑲《陸軍作戰要綱——大軍指揮》，頁4-60。

⑳《陸軍作戰要綱——大軍指揮》，4-61。

㉑《國軍統帥綱領》，頁3-20。

㉒《陸軍作戰要綱——大軍指揮》，頁4-62。

㉓《陸軍作戰要綱——大軍指揮》（桃園：陸軍總司令部頒，1989年12月），頁4-59。

㉔袁品榮、張福將編，《享譽世界的十大軍事名著》，頁194。

攻勢或守勢的用兵方法為「大軍用兵」的基礎。本章參考克勞塞維茲「攻／守勢理論」。「攻勢」與「守勢」既是絕對的對立關係，又是辯證的發展關係，兩者的運用規則：「防禦」是以「攻擊」的規則為根據，而「攻擊」也當以「防禦」的規則為根據。[1]西方兵學名家克勞塞維茲所言：「每一種防禦手段都會引起一種進攻手段，一種進攻手段是隨著防禦手段的出現而自然的出現，所以防禦決不是絕對的等待和抵禦。」[2]克氏強調的概念，「防禦」與「進攻」是相互循環的發展形式；「防禦」不應是消極的「單純抵禦」，而應該是積極的，要有「進攻」和「反攻」；「進攻」也絕非僅有「攻勢的行為」而已。

攻勢與守勢用兵方式的探討，必須仔細區分兩者的運用場域與時機，才能徹底理解攻勢與守勢之間的真正

意涵。另外，攻勢作戰與守勢作戰在理論上的變遷，也會在兩者的辯證發展中，不斷促進戰爭型態的轉變。

第一節　攻勢作戰與守勢作戰的關係

克勞塞維茲的辯證思維

　　西方科學中，所謂的「辯證思維邏輯」，是指一個概念的構成必須同時出現另一個與之相對應的概念，兩個概念才能構成相互對立的關係。也就是說，其中的一個概念是另一個概念的補充，實際上從一個概念就可以得出另一個概念。兩個概念既相互對立，又相互補充，才是事物不斷綿延發展的動力。上述的辯證邏輯，又在黑格爾「唯心辯證法」的帶領下，廣爲社會科學研究社群所接受，並將其視爲知識論與方法論的重要基礎。然而，將辯證法帶入兵學或戰爭領域並使其學術化，當屬克勞塞維茲的《戰爭論》，因而他能在軍事科學領域中獨領風騷。[3]克勞塞維茲在軍事理論上的最大貢獻，即在於

他把辯證方法運用到對戰爭的研究，從而揭示了戰爭的發展及其變化的內在動因。

克氏運用上述辯證思維，仔細說明了攻勢與守勢的論點。他認為「進攻是『較弱的形式』但有『積極的目的』；防禦是一種『較強但帶有消極目的』的作戰形式，只有在力量弱小而需要運用這種形式時，才不得不運用它，一旦力量大到足以達到『積極目的』時，即須放棄它。以『防禦』開始而以『進攻』結束是戰爭的自然進程。在戰爭中，誰認為自己的力量相當大，足以採取『進攻』這種較弱的作戰形式，誰就可以追求較大的目的；誰要給自己提出較小的目的，誰就可以利用『防禦』這種較強的作戰形式。」❹以上論點的核心，就是辯證法在戰爭中的普遍運用，特別是對攻者與防者之間，有關外在衝擊與內在聯繫的揭示。

對「野略」用兵的啓示

運用攻勢或守勢作戰時，指揮者必須認清敵我對立的矛盾關係，並且要仔細研析客觀環境的差異性，才能將兩者的用兵理則化為一體。就敵我立場言：敵我「對

抗的矛盾關係」中，是一種對立的矛盾關係。敵攻（守）我守（攻）此一對立形勢，除非戰爭結束，否則爲一種不變的對立關係。

然而，研析攻勢與守勢時，必須將兩者視爲戰場上相互對立又互相滲透的作戰方式。對某一方的用兵而言，攻勢與守勢的運用，是會隨著戰況的演進，不斷地交互運用在作戰方式之中。一般而言，攻勢與守勢會同時存在以及不斷地交替於戰場上。攻勢作戰與守勢作戰到底孰強孰劣，實無必要做區分。關鍵問題在於如何知悉兩者運用的精髓，以及相關的成功條件，才能在某一時空中掌握戰場，克敵制勝。

所以，攻勢與守勢的用兵過程，對於戰爭中的任何一方來說，都是一種辯證的關係。國軍的《作戰教則》中，對於野戰用兵內容依其方式分爲攻勢作戰與守勢作戰兩種，此兩種作戰方式卻可以交互的使用，而無所謂「絕對」的攻勢或「絕對」的守勢，此乃說明攻／守勢是可以相互替換與辯證的最佳註腳。

攻勢作戰與守勢作戰是用兵最基本的知識，但兩者的辯證發展與運用，往往會掉入進退維谷的「兩難困境」中。誠如克勞塞維茲所言：「戰爭中一切的事務都很簡

單（simple），但絕不能將其視爲容易（easy）」。因此，不可將攻勢作戰與守勢作戰視爲頑固地按照邏輯公式追求某一方的極端，而須以客觀的事實來進行判斷。因爲，客觀的事實告訴我們，作戰既不是孤立的行爲，也不是短促的一擊，它的結局也不是什麼「絕對的東西」。爲了取得戰爭的勝利，指揮官必須有正反兩面的思維，才能進入到多樣發展的戰場情境中，進而掌握戰場的脈動。

第二節　攻勢作戰的理論與用兵方式

攻勢作戰的原理

攻勢與守勢作戰的原理來自於戰場上「敵我矛盾」（對立）的絕對化。探討兩者關係，不僅要將它視爲對立關係的體現，重要的是，須將其同時放置在同一個戰場上或戰役之中來研究，才能瞭解攻勢與守勢的眞正意涵。尤其，**作戰中某一方可以在某一時空中單獨採取攻勢**

或守勢，亦可以兩者同時併用或交替使用。

　　拿破崙曾說：「在戰役開始時，一個人應慎重的考慮他是否應該前進，但是一旦他已經發動攻勢時，就應該推進到最後的極限為止」，❺此因攻勢作戰可保有較敵為多的主動權，要能把握主動權，就能獲得勝算的機率。依據《國軍統帥綱領》對於攻勢作戰的定義為：「攻勢作戰乃三軍大部隊採積極的作戰行動，尋求敵人，迫敵於不利狀況下決戰而殲滅之。」❻

　　克勞塞維茲對攻勢的認知，是將其與守勢合併論述。事實上，一場戰爭若僅僅強調攻勢這一種用兵方式，那麼將會掉入到一個過於化約的思維裡，克氏認為：「進攻不是單一的整體，而是不斷同守勢交錯進行著。二者差別在於，沒有還擊的守勢是根本不可設想的，但攻勢本身是個完整的概念」，克氏又說：「戰略上進攻和防禦是不斷地交替和結合」。❼克氏認為**攻勢與守勢都僅是戰鬥手段，故其本質都是暴力的使用。而攻勢與守勢的最大差別，在於使用的方式與爭取的目標不同而已。**

　　長期以來，《軍事教則》在討論攻勢作戰理論時，都會賦予它極高的地位，並強調：「攻勢作戰的目的主

在徹底殲滅敵人，故凡一切作戰均以攻擊爲主。」❽
《國軍教戰準則》亦言：「軍以戰爲主，必須常保主動
精神，發揮攻擊、攻擊、再攻擊以確保我主動精神之發
揮。」❾「攻勢作戰」與「消滅敵人」同時爲作戰的特
質，要達到上述兩項目的，必須以主動的精神作爲手
段，才能確保攻勢原則的有效達成，此乃傳統戰爭原則
中攻勢作戰的理論基礎。

　　克勞塞維茲言：「消滅敵人軍隊在戰爭中永遠是最
主要的。任何戰鬥都是雙方物質力量和精神力量以流血
和破壞方式進行的較量」。❿「戰場上除了摧毀敵人之
外，別無其他方案的選擇」，此種總體作戰的觀點，是
自克勞塞維茲以來在西方兵學中一項鐵律。所以克氏認
爲作戰要能獲得勝利則須包括三個要素：第一，敵人的
物質力量的損失要大於我方；第二，敵人的精神力量的
損失大於我方；第三，敵人放棄自己的意圖，公開承認
以上兩點。⓫

　　其次，戰場之中，敵我任何一方都想保有「主動
權」，主動權的眞正意涵，是要迫使敵人放棄他原先的
計畫或行動，隨著我方計畫或行動起舞。美軍的《作戰
教則》說：「攻勢作戰爲一支軍隊能藉以攫取與掌握主

動，並維持行動自由與獲得決定性結果之手段。這對所有層次的戰爭是一體適用的」。**⑫**然主動精神畢竟只是一種精神意識的活動行為，要使「人」的精神意識成為一種力量，必須先將主動原則從神祕的精神意識中獲得解放，然而要將「主動原則」與「攻勢原則」相互配合，必須同時思考將物質因素（包括一切武器、科技、財務……等）及非物質因素（軍事思想、歷史、文化……等）作互相的調配，才能使主動的精神與攻勢原則相結合。

但必須特別注意的是，「主動原則」與任何的軍事行動亦可以相互配合，並非僅是「攻勢原則」的專利品。戰場環境是由錯綜複雜的物質、非物質和各個行動者（指揮者）通過彼此對客觀環境的不同認知，所組成一個複雜的交織網絡。攻勢精神不單單僅與「主動原則」相互配合，必須與各種不同的原則相調和，例如它可與「機會原則」、「安全原則」相互配合，才能真正掌握「攻勢原則」的精義。

攻勢作戰的成功條件

一、優勢武力

作戰是敵我雙方力量的鬥爭,故戰鬥過程也是敵我雙方智力、體力、財力與耐力的競賽。在作戰方式的使用上,攻勢與守勢的運用,不能當成孰優孰劣的手段,攻勢也絕不能視爲可以戰勝敵人的唯一方式。戰場上敵我雙方爲了獲取戰爭目標和利益,自然會進行一場對戰場資源(客觀環境)的追逐戰,於是採取攻勢的行動者初期會擁有較多的戰場資源(例如有較爲優勢的兵火力、控制較有利的地形等)。採取攻勢者爲了要達成「徹底殲敵」的效果,優勢的戰力往往是決定採取攻勢的優先考量。

二、「主動」、「機會」與「反應」

所謂「戰略主動」是指能夠以多種行動,將自己的意志強加給對方,並打破對方企圖反抗的能力。從戰史可以獲得明證,握有戰略主動權者,才有行動自由和較

多的勝利希望。[13]可以說，採取攻勢作戰的一方，在用
兵條件上較具有主動的條件。[14]

　　攻勢作戰原則的運用不能僅將「主動」視爲唯一的
條件，更應同時具備「機會」與「反應原則」，才能使
攻勢原則的運用更臻完善。若要保有更多的主動權，必
須結合「機會」與「反應原則」，才能創造出更多的優
勢。

　　作戰中，「機會」是一個比「主動」更強烈的概
念，因爲它包含整個作戰中可能的行動自由，而不是僅
保有一開始欲尋獲的利益——先制攻擊之利。一位懂得
追求「機會」的指揮官，在攻勢進展中，會比對方擁有
更多維持機會的方案——包括攻擊以及其他的作戰計
畫。[15]尤其，「機會」是一個與敵互動的綜合性概念。
由於戰爭是一個敵對雙方的互動，我們和敵人都一樣在
爭取機會，而當敵人擁有並利用機會時，我們須視狀況
回應他的行動；相對的，當我方布好了一個局，也一樣
在等待敵人陷入的機會。由此推論，在變化莫測的戰場
上，「機會」將成爲一項重要的用兵原則，因爲指揮官
必須把敵人的每一步行動，都視爲從敵人身上攫取「行
動自由」的一個機會。

「反應」與「機會」則是相呼應的派生關係，「反應」的首要條件必須具備洞悉戰場的能力，才能在瞬息萬變的客觀環境中找到機會。所以，「反應原則」的另一層涵義，是對戰爭決策的慎重。因為，戰爭乃雙方鬥智與鬥力的行為，加上戰場上具有極高的「不確定性」與「概然性」，指揮者必須兼具敏銳的觀察力與推理力，才不會迷失在瞬息萬變的戰場中。一個善於掌握機會的指揮官，須能明析戰場地略形勢、洞察雙方兵力態勢，進而利用敵人的錯誤，以達「創機造勢」的效能。

三、造成敵人的「不平衡」

　　攻勢作戰的首要目標在造成敵人的「不平衡」。這樣才能在攻勢行動中，獲得最初所欲的目標。李德哈達說：「要殲滅敵人之前，必先使他喪失平衡，要使敵人喪失平衡的方法計有：第一，迫使敵人突然改變正面；第二，隔離敵人的兵力；第三，襲擊敵人的補給設施；第四，威脅敵人的退路。[16]如果做到其中任何一項，就是使敵人不平衡，而做到兩項以上，敵人立即敗亡。[17]」攻勢行動中重要的是如何讓對方在某一個關鍵點上失去平衡。而在那個點上，往往也是敵人在兵力與精神上處

於劣勢的時候。換言之，「如何讓對方在某一個關鍵點上失去平衡」即是攻勢作戰中最為關鍵的核心。

戰史例證

歷來戰爭的發展過程中，採取攻勢的一方大多為兵力優勢且主動採取攻擊的方式。然而，在一場攻勢作戰的戰史中，能符合攻勢的作戰原則，又能達到上述攻勢成功的三項條件者，可以1950年的韓戰為例。[18]另外，此一戰史也可印證李德哈達的平衡理論。

1950年6月25日北韓向南韓發動攻勢，南韓不敵北韓的攻勢，節節敗退。美軍立即以駐日之第二十四、第二十五師、陸戰第一旅及海、空軍支援南韓作戰，但仍不能遏阻北韓強大的攻勢，至8月5日，聯軍已退至釜山一隅，態勢極為不利。9月15日聯軍在麥克阿瑟元帥的堅持下，以新編成的第十軍（四萬餘人）從仁川登陸上岸。當北韓得知聯軍已在仁川登陸成功，並已建立了攻勢基地，立即將原本進攻釜山的十四萬大軍後撤。[19]因為，北韓從6月份起的夏季攻勢，疏忽了補給線的安全維護，導致其「戰略翼側」受到美軍從仁川登陸的威

脅，極可能被迫於不利狀況下而決戰。9月26日聯軍南北兩軍會師成功，擊敗北韓的入侵行動。（如圖6-1）此一戰史可證明攻勢作戰的成功須能使敵人喪失心理平衡，才能獲致徹底殲滅的效果。

從韓戰的戰史可以說明，攻勢作戰的時機與條件為：第一，我全般戰力較敵優勢，或可期於決戰方面形成局部優勢時，尤其是有「空優」爲然；第二，我先敵完成作戰準備，可獲致先制奇襲；第三，敵戰略行動錯誤，我有機可乘時；第四，基於全般戰略指導，爲策應其他方面作戰，或拘束當面敵軍時。[20]攻勢作戰雖主動權掌握在我方，但要達成徹底殲滅的效果，必須能使敵方喪失心理平衡才能奏效。而要使敵方失去平衡，則須運用「主動」、「機會」與「反應」等三項原則，才能在關鍵時刻，發揮攻勢的力量，主宰戰場。

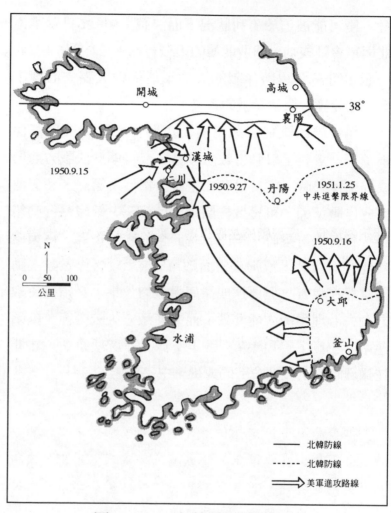

圖6-1　1950年韓戰作戰過程圖
資料來源：作者自繪。

第三節　守勢作戰的理論與用兵方式

守勢作戰的原理

守勢作戰的定義：「**守勢作戰主在運用有利空間，先期策劃經營，採取積極主動作為，削弱敵軍戰力，摧毀其攻勢，爭取時間，轉變敵我優劣形勢，以利爾後攻勢轉移**」。[21] 守勢作戰的目標主要是利用空間與時間，設法削弱敵軍戰力。此種作戰方式仍是企圖轉移敵方攻勢的行動。

然而，多數軍事指揮官對於守勢作戰，大多認為是被動的，甚至是消極的，在用兵上除非萬不得已，絕不輕言採取守勢作戰。例如《美軍作戰手冊》即認為：[22]

防禦是一種決定性作用較小的戰爭形式，但防禦是必需的；當我軍處於被動地位，缺乏主動權、無力實施進攻時，或者需要避免在對自己不利情況下進行決定性交戰時；或者我軍的進攻到達頂點，守方

具有反擊或發起進攻時；或者為了節約兵力保障上級在其他地區實施進攻時；或者我軍受領防禦某個地區或目標的重要任務時。均需組織實施防禦作戰，巧妙地運用反應性行動和進攻性行動，擊敗進攻之敵，奪取主動權，為轉入進攻創造有利條件。

其實，攻勢作戰與守勢作戰實為一體，不可能將兩者區分優先順序。克氏說：「防守的概念是抵禦進攻，其特徵是『等待』與『進攻』。而在戰爭中防守與攻擊是相對的。防守的形式絕不是單純的盾牌，而是由巧妙的打擊所組成的盾牌。」[23]克氏的守勢概念是與攻勢對抗一併論述，並且攻者要以占領對方陣地為考量，必須使用大量的人力與物力。因而，防者每每可以牽制數倍於己的進攻力量。攻守應合而為一，若無敵方的攻勢行為，守勢作戰是不可能實現的。克氏認為在一定的戰線上進行防守，目的僅僅是在誘使敵人展開兵力來進攻這一防守陣線。[24]守勢作戰是可通過逐次擊滅、消耗敵人來轉變敵我兵力對比，進而為發起攻勢，創造一個有利的條件。

不可否認，守勢作戰是以靜待動、以逸待勞的行

動。克氏稱為一種「延遲的攻擊」（delayed offensive），有時也被稱作是「防禦攻勢」（defensive-offensive），這種行動又可分為兩個階段：一是消耗；二是反攻。[25]防守者必須善於利用「等待」所創造的有利戰機，以積極的行動打擊敵人，再把「等待」與「行動」進行有機的結合。打擊敵人的行動還應包括「還擊」與「反擊」兩種。克勞塞維茲同時認為：「在守勢戰局中可以有進攻行動，在防禦會戰中可以用某些師進攻，而那些僅僅是在陣地上等待。」又說：「假使防禦是一種較強的戰爭形式，但卻只有一個消極的目標，因此僅當我們的弱點強迫我們必須如此時，我們才可以使用它，等到我們感覺到力量已經較強，足以達到積極的目標時，我們便應該馬上放棄這種形式。」[26]就克氏而言，他對守勢（防禦）與攻勢（攻擊）的認知，並無內在強弱的區別，而在於如何運用。至於何者較為適用，則視戰場環境而定。

守勢戰成功的條件

克勞塞維茲認為，防禦應具備的條件包括：盡可能地準備好一切手段、有一支能征善戰的軍隊、有一個行

動主動和沉著冷靜的統帥、有不怕任何圍攻的要塞、有堅強的民眾作爲軍事行動的支撐。[27]以上五項條件也是防守者要比進攻者較爲有利的條件。克氏在比較攻勢作戰與守勢作戰時認爲，守勢作戰的成功機率要比攻勢作戰來得容易，其中最主要的要件可區分爲戰術與戰略兩個層級，在戰術範圍內，極有利於取得勝利的三個因素：「出敵不意」、「地形」、「多面進攻」。進攻者只能利用第一、第三個因素。而防禦者可以利用三個因素。[28]

上述雖說明了守勢作戰的有利條件，然而關鍵的問題在於如何把上述的條件轉化爲作戰力量，並不斷地消耗敵人，逐漸改變敵我力量的對比，造成「有利於我而不利於敵」的有利態勢。時間與空間的利用遂成爲守勢作戰中，轉變客觀不利條件爲有利條件（成爲有生戰力）的主要手段。

戰史例證

運用守勢作戰而獲成功的戰例，在歷史的發展中可謂不勝枚舉，然要能達成守勢作戰的條件，以及符合守勢作戰的眞正目的者，當屬1916年的「凡爾登之役」最

為典型。因為在此戰役中，法軍的用兵方式及其用兵的成功之道，均較能符合守勢作戰的用兵理則。

1916年2月，德軍為奪取法國南部的精神堡壘「凡爾登要塞」，集中了40萬大軍、1,220門大砲，以平均每小時發射10萬發的砲彈，連續砲轟凡爾登及周邊地區。法軍布署在此地區之15萬兵力傷亡過半。很不可思議的，德軍並未立即將預備隊一次投入戰場（德軍認為法軍戰力仍屬完整），致使法軍仍有反抗之能力，同時法軍立即實施鞏固與整頓，並抽調80萬大軍陸續投入凡爾登戰場，並任命貝當元帥為第二軍團司令（原司令為霞飛兼）。爾後兩軍於凡爾登地區實施攻防戰至同年12月才結束，德軍終至無法占據凡爾登。（如圖6-2）法軍為確保凡爾登，傷亡共56萬餘人，但德軍也傷亡了33萬餘人。

此戰役，法軍之所以能確保凡爾登，主因凡爾登是法軍整個防線的重要要塞，若被突破其防禦體系將面臨危險。另外，法軍守護凡爾登則可吸引牽制德軍該地區增援兵力，有利協約國其他方面之作戰。最後則可爭取英、美等國支援的時間，轉變戰局劣勢。法軍的守勢作戰，實際上符合克勞塞維茲的「期待」與「反攻」的用

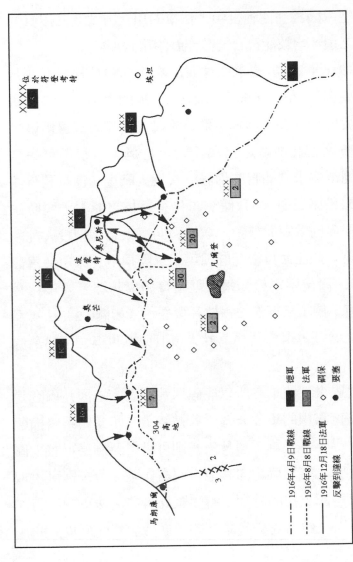

圖6-2 1916年德、法「凡爾登之役」攻防作戰過程圖
資料來源：作者自行整理繪製。

兵精神。所以，守勢作戰的時機條件應包括：第一，防衛國家領土，阻敵入侵時；第二，戰力顯著劣勢，我尚未完成動員集中時；第三，敵先採取攻勢，我尚未完成動員集中時；第四，基於全般戰略指導，於某一時空內，以及在作（會）戰之間隙，必須採取守勢時。㉔守勢作戰的成功，更須要有「反攻」企圖，才能在關鍵點上，克服敵人。

《孫子》〈虛實篇〉：「故善攻者，敵不知其所守；善守者，敵不知其所攻。」〈軍形篇〉：「善守者，藏於九地之下；善攻者，動於九天之上；故能自保而全勝也。」不可諱言，**大多數的兵學家及戰場指揮官都一再強調攻擊、攻擊、再攻擊**，認為攻勢作戰是最易獲致成功功效的戰法，但卻**未對守勢作戰的重要性及複雜性給予應有的重視**，事實上，在所有作戰行動中，最難實施且最不易獲致良好效果的，即是守勢作戰。相對的，在諸多的兵學家中，也唯獨克勞塞維茲強調「守勢有利」，他並以地利、奇襲、多面攻擊、戰地輔助作用、人民的協力、精神力等六個因素去分析「攻／守勢」之利弊。其結論是「守勢較攻勢為強」。

我們姑且不論克勞塞維茲的分析因素或其結論如

何。但是，歷史上許多主動採取攻勢的名將或強國，如拿破崙入侵俄國，日本入侵中國等等，均是以強大的攻勢行動而失敗。守勢作戰的成功機會不僅不會少於攻勢作戰，反之，只要能善於運用機會與反攻（亦為一種攻勢行為），仍然會獲得勝利。

本章小結

攻勢與守勢的作戰原則、成功條件與戰史例證都明顯看出兩者實為一體兩面。**正確地運用攻勢作戰與守勢作戰兩種手段，須以戰爭目的（整體的武力戰使用）和戰爭過程（各個局部戰役的總合）為尺規，才能確實掌握攻勢與守勢的運用時機**。畢竟，「攻」與「守」的形成，除了確認自己的力量較敵人為強（弱）之外。兩者仍須要以戰爭目的為依歸，才能在作戰過程中使「目的」與「手段」相互配合。

作戰中攻者不見得能常保永恆的攻勢行為，而守者亦非僅有守勢作為。兩者常會因其增援部隊的到達，或在戰場上誤判局勢，而造成戰略方針的錯誤，改變攻守形勢（由量變到質變的過程）。因此，**攻勢作戰或守勢作**

戰方式的選定，僅能視之為作戰過程中，某一時空條件下的決策選定，不能將其視為固定形式。攻勢與守勢是一種「既對立又能相互轉變與結合」的辯證關係，攻勢作戰與守勢作戰的運用有其不同的法則，它會反映在不同性質的作戰過程中，因而指揮者須將攻勢與守勢的辯證關係，視為指導大軍野戰用兵指導的依歸。

▌▌註釋

❶劉慶，《西方軍事名著提要》，頁80。

❷克勞塞維茲，《戰爭論》（北京：商務印書館，1978年版），頁774-775。

❸袁品榮、張福將編，《享譽世界的十大軍事名著》，頁59。

❹克勞塞維茲，《戰爭論》，頁479、493。

❺富勒，鈕先鍾譯，《戰爭指導》，頁61。

❻《國軍統帥綱領》，頁3-23。

❼袁品榮、張福將編，《享譽世界的十大軍事名著》，頁116-117。

❽有關軍隊作戰必須以攻勢為主要手段的軍事著作，包括約米尼的《戰爭藝術》、李德哈達的《戰略論、富勒的《裝甲戰》，以及美軍作戰手冊、國軍教戰總則第七條——攻擊精神等。

❾《國軍統帥綱領》，頁3。

❿克勞塞維茲，《戰爭論》，頁23-29。

⓫克勞塞維茲，《戰爭論》，頁17-28。

⓬吳福生譯，《資訊時代的戰爭原則》，頁105-106。

⓭沈偉光，《新戰爭論》（北京：人民出版社，1997年），頁285。

⓮約米尼，《戰爭的藝術》，頁207。

⓯本文所指的「機會原則」，並非經濟學中的「機會成本」（選擇了這項就會失去那項），而是指敵、我雙方在同一場戰役中，當一位懂得創造機會的指揮官，他會知道，如何使我軍維持高昂士氣會比士氣低落的部隊有更大成功的機會；具有堅強工兵能力的軍團會比沒有這種能力的軍團有更大的運動與攻擊機會。詳見吳福生譯，《資訊時代的戰爭原則》，頁116。

⓰李德哈達，鈕先鍾譯，《戰略論》，台北：三軍大學，1989年元月），頁335。

⓱李德哈達，鈕先鍾譯，《戰略論》，頁335-338。

⓲作者選用1950年8月美軍針對北韓入侵，實施了「攻勢轉移」的戰例，是因為美軍的兵力運用，除了符合攻勢作戰的用兵原則，更能符合攻勢作戰中，戰場心理的應用原則。

⓳《中外歷史彙編》（下冊），頁206-208。

⓴《國軍統帥綱領》，頁3-25。

㉑《國軍統帥綱領》，頁3-26。

㉒《美軍作戰手冊》上冊，（北京：軍事科學出版社，1993年），頁182。

㉓劉慶，《西方軍事名著提要》，頁77。

㉔吳琼，夏征難編，《論克勞維茲戰爭論》（上海：上海教育出版社，2002年），頁219。

㉕富勒，鈕先鍾譯，《戰爭指導》，頁92。

㉖富勒，鈕先鍾譯，《戰爭指導》，頁93。

㉗劉慶，《西方軍事名著提要》，頁77-80。

㉘劉慶，《西方軍事名著提要》，頁78。

㉙《國軍統帥綱領》，頁3-29。

第七章

內線作戰與外線作戰

「野戰戰略」的用兵內容，就型態可分為內線作戰與外線作戰。就內線作戰與外線作戰的本質言，其手段仍不脫攻／守勢的作戰範疇。**內、外線之間最大區別在於：採取內線作戰的一方，通常其兵力多為劣勢；採外線者，則多處於優勢。內、外線的作戰方式，因其兵力的優劣形勢不同，用兵方式也大相逕庭。**

眾所周知，世界兩大名將——法國拿破崙與德國毛奇分別創行了內、外線的作戰方式，拿破崙與毛奇之所以能創造內線與外線作戰方式，主因法、德兩國在當時遭歐洲列強環伺，遭受列強威脅下，必須對用兵方式及科技武器有所創新才能圖存，因而兩者能在兵學史上一直保有崇高地位。

內、外線的用兵理論與方法，各有其優點與缺點，

也各有其獲取成功的要訣，及可能遭致失敗的弱點。另外，內線作戰與外線作戰的用兵型態也非固定不變，在戰爭中是會隨著戰況的推移或客觀環境的改變，由內線（外線）轉變到外線（內線）。再者，兩者的運用各有其一定的條件及方法，但這些條件、理論與方法都須經過指揮者的認識與實踐，才能正確掌握運用之道。

第一節　內線作戰與外線作戰的關係

內線作戰與外線作戰的交互運用

內線作戰與外線作戰為兩種不同的作戰方式，為相互對立又相互共存的用兵理則，兩者可以隨著「時」、「空」、「力」等客觀環境的改變而互換。基於此，採用內線作戰或外線作戰的選擇，首先必須認識內、外線的作戰方式僅為在某一時空的戰場環境中，採取攻勢（守勢）時的一種特定「手段」運用，內、外線作戰的本質仍為攻／守勢作戰的範圍。

就認識論的範疇言，空間、時間與雙方戰力的對比，是內線與外線作戰方式使用的內在影響因素。內線作戰與外線作戰方式的決定，是依據雙方在「時」、「空」方面能否掌握有利的地理位置，運用時間與空間的籌碼，讓其力量有發揮的機會。就用兵方法論而言，約米尼認為「內線作戰」是一支或二支軍隊為了對抗幾個方面敵軍所採取的路線，但是兵力運用方向的決定，則要使我軍的主力能在短時間內可以調動和集中他的全部兵力，因而使敵軍必須要運用更大的兵力，始能與我軍抗衡。[1]「外線作戰」則呈現出相反的思維，凡是一支軍隊在同一時間向敵人的兩翼或是向敵人的各部分進行作戰其所採取的作戰線，都是屬於這種性質。[2]

　　因此，**內線作戰與外線作戰的研究須著重在對戰略位置[3]的思考**，而戰略位置所要考量的因素（無論是內線或外線其實都是一樣），就是比較敵我之間所占位置的大小與其重要性的問題。當敵我兵力相當時，所有處於中央及內線位置的一方都會比外線的位置來得有利，因為外線位置包括了一個更大的正面且有分散兵力的危險。[4]

　　內線與外線的研究應著眼在敵我作戰企圖（目的與手段）的對比、敵我雙方在時空環境中力量的轉變，以

及戰場環境與雙方用兵的內在因素（包括地形、天候、氣象、社會條件等）與作戰的相互關係，才能確實理解內線作戰與外線作戰的用兵要領，與掌握兩者之間相互轉換的關鍵。

內線與外線作戰調整的依據

任何戰爭的理論都是歸納無數戰爭經驗，並抽繹出其中的共同項目與規律，而成為作戰的理論與規則。內線與外線作戰的用兵規則也是如此。而如何將兩者交互運用，必須仔細審視理論與實際狀況的符合程度，才能正確掌握兩者的互換關係。至於，如何具體實踐，須視用兵者能否深入理解兩者的用兵理則，熟稔主觀／客觀之間的辯證關係，才能深入掌握兩者的用兵旨趣。

任何一個作戰方式的決定，指揮者一定要保持清晰的思維和精確的計算，並使目的與手段能相互配合，同時能權衡利益與弊端的得失，亦使思維和現實能夠相符，這些都不能脫離本身具有的能力（手段）。「能力的建立與維持」是將理論化為實踐的基礎。若從內線作戰與外線作戰的基本學理來看，對於最初會採取內線或

外線者，都出之於他的兵（戰）力是否符合內線或外線作戰的條件。此乃李德哈達在其〈戰略和戰術的基本要點〉中所謂的「**調整你的目的以來配合手段**」❺的眞正意涵。用兵者不僅應隨時掌握敵我兵（戰）力的最新資訊，也要懂得如何與現實景況相結合，否則，將無法適時掌握戰機，妥善地運用或調整內、外線的用兵方式。

「知」是內、外線轉換的關鍵

「知」的探求是一種作戰趨勢的掌握，而所謂作戰趨勢，就是作戰發展的傾向，所以《孫子》〈用間篇〉：「故明君賢相，所以動而勝人，成功出於眾者，先知也」。基於此，認識作戰發展趨勢，是爭取和保持主動地位的重要條件，而且是制定作戰計畫，實施靈活指揮的前提。戰爭指導者從認識作戰發展的趨勢，主要即是掌握各種可能發展的因果關係❻。

事實上，內線作戰與外線作戰的型態，是由「地理形勢」、「全般作戰需求」、「雙方兵（戰）力比較」及「時空因素」的影響下所決定的作戰方式。然而，作戰過程中因狀況的發展趨勢與戰略態勢的轉變，往往可以

由內線（外線）轉變為外線（內線），甚至可由「單一型態」轉變為「複合形態」。例如，當敵對雙方各採取內線作戰與外線作戰進行對決，進而導致決戰時，戰場狀況之變化極為複雜，常易產生內、外線之複合現象，如採外線一方的某局部兵力可能遭敵包圍，或內線作戰對敵軍某一部兵力採取包圍行動，都可能產生內、外線同時複合運用在同一戰場之內。內線或外線作戰的轉換或複合使用，乃作戰中常有的現象，關鍵的問題在於如何掌握「知彼」與「知己」這兩項重要因素。

掌握各種辯證關係

一、主觀認知與客觀實踐的矛盾

內線或外線作戰理論與方法雖然是客觀存在的作戰規律。然而，它會隨著一系列主／客觀的辯證思維，而能將內線（外線）轉變為外線（內線）。轉變的關鍵因素在於「如何認識理論」（主觀的認知過程），以及「如何利用各種客觀的作戰環境」，以作為指導作戰的運用規則，才是正確掌握內線作戰與外線作戰的關鍵因素。

所謂「理論」與「實踐」的辯證結合，在於用兵指揮者如何發揮兵學的蘊底，結合實際戰場的環境，才能化主客之間的矛盾，適當地採取內線或外線作戰。

二、掌握戰爭中的因果連帶關係

因果關係是科學研究最常使用的方式，它的思維邏輯多半是以直線式的方式來表述，通常以「若P則Q」或「若~P則~Q」的因果關係。運用因果關係的用兵思維，必須理解全面作戰的發展，並且要使用「**多重式的因果關係**」去看整體作戰的過程，才能正確掌握未來趨勢。

事實上，戰場景況往往狀況不明，指揮者經常處於疑惑的景況，因而特別依賴判斷與推理的方式，以掌控戰場上瞬息萬變的突發狀況。所以，戰爭中的「因果關係」僅能視之為須進行推理的「必要條件」。為了要能更逼近真實情景，必須要不斷地提出「複合式的因果關係」。如同前例的相反，例如「敵軍兵力是否為優勢」、「敵軍的計畫是否也一樣周密」……等等情況，都也應列為「反因果關係」所考慮的「充分條件」。

鑑於此，反覆運用各種思維與推理能力，並結合各種因果關係的發展，即能對戰爭中各種關係認識越益深

刻、越益準確,對「複合式因果關係」的把握也就越能牢靠,那麼對戰爭發展趨勢的預見就越正確、越長遠。❼

三、時間與空間是內線與外線作戰轉換的憑藉

在悠長的歷史時期裡,軍隊的機動能力受到地形條件的限制,「時間」、「空間」與「戰力」的關係具有很大的互換性。易言之,內線與外線作戰對於時空的爭取與運用,成為雙方相互爭奪的重要籌碼。**時間和速度也就直接成為戰爭成敗的關鍵因素;誰輸掉了時間和速度,就可能輸掉空間,也就可能輸掉戰爭;誰贏得了時間和速度,就能控制空間,也就可能贏得戰爭**。內線作戰與外線作戰的本質既然仍是以戰鬥作為戰爭過程中暴力鬥爭的最高形式,對時間和空間的掌握與運用具有很大的依賴性。不同的戰爭型態即會體現出不同的時空特性,指揮者需要建立不同的「時空觀」,才能有效掌握各種作戰的型態。

第二節　內線作戰的理論與用兵方式

內線作戰的原理

　　內線作戰的定義為：**在中央位置之作戰軍（具使用內線作戰條件的部隊），對兩個（含）以上不同方向敵軍之作戰。但在一個地障之近端，橫的連絡線較短，而對一個方向，被該地障分離及橫的連絡線較長之兩個或兩個以上敵軍之作戰，亦屬之。**[8]內線作戰的成功要訣在於如何掌握優於敵軍的時間與空間，對兵力位置的適當掌握，更是內線作戰必須把握的關鍵。約米尼強調，內線作戰的空間決不可以延伸得過遠，否則留置下來拘束敵軍行動的部隊就有被敵人殲滅的可能。[9]

　　就用兵的方法言，內線作戰的秘訣是善用整體與局部的哲學思維理則，此種方式是將戰鬥三要素（力量、時間與空間）分開來處理，也即是說當某一方的能力無法與對方進行力量抗衡時，可將「力」、「空」、「時」

分項處理，以發揮時間與空間上的優勢，扭轉在決勝點上兵力的不足（劣勢）。內線作戰的方式屬於一種離心形式，手段是藉分離敵軍，以達成各個擊滅的目的。但是，此一離心的作戰方式要能使我方部隊間的距離拉近，而且能夠比敵軍更快地集中我軍的兵力。

拿破崙曾言：「戰略乃是運用時間與空間的藝術。」基本上，弱勢的一方要想扭轉不利，唯一之路即是運用時空因素，以創造對其有利的集中或是分散的態勢。是故，**對於「時」、「空」因素的妥善運用，正是採內線作戰者的用兵重點。**

從上述原理來看，欲獲得內線作戰成功的因素在於以下三項：第一，須有一個比對方較為有利的戰略（術）位置；第二，要具備快速轉移兵力或部隊的能力；第三，在時間與空間的掌握方面，要比敵軍來得強。尤其，指揮者須能迅速洞察戰局的發展，並適時地下達決心與督促及掌握部隊的進展，才能將內線作戰的精神表露出來。

內線作戰的形成因素

一、敵軍受各種障礙因素所隔絕

企圖遂行內線作戰的一方，必須要能製造敵人分離。即是要利用有利的地形隔離敵人，如山脈、湖泊或不能通行的其他地障，以力量與謀略，壓迫或誘致敵軍於地障之兩側，使敵軍受各種阻礙而造成分離。爾後再利用我方的「時」、「空」優勢，運用迅速的兵力分合與轉移，逐次殲滅敵軍而達轉變雙方優劣形勢之目的。

二、我軍實施戰略突穿造成敵軍分離

若無適當地形或各種障礙分離敵軍，但又因任務或兵力劣勢，而不得不採取內線作戰時，我軍可依狀況：如敵軍戰略正面過廣，或有隙可乘之時，可行戰略突穿，造成敵人分離，並保持敵人分離後，再發揮時間與空間的優勢機會，逐次殲滅敵軍。此種方式的實施，須先能確認我軍是否有此能力突穿敵軍，或者突穿之後能否確保敵軍於短時間內，無法發揮統合戰力，否則採取

此種方法將會有極大的危險。

三、確保敵軍分離狀態

形成內線作戰的關鍵因素之一即是如何掌握有利的時空因素，而此一因素的掌握則在於「如何確保敵軍處於分離狀態」。我方可以運用主力向某一方面之敵採取攻勢，迫敵決戰而擊滅之，其他方面得以一部兵力採取持久。擊滅一方之敵後，轉移兵力再向另一方面之敵，取攻勢而擊滅之。

內線作戰的成功條件

拿破崙是運用「內線作戰」最為經典的例證。拿破崙的崛起是在法國大革命（1789年）之後，由於革命後的法國實施民權，成立共和政府，並將法王路易十六送上斷頭台。歐洲各君主國認為此一行動將引發「骨牌效應」，威脅各國君主政權的地位。於是由英、俄、普、奧等九國組成「反法同盟」，干涉法國共和政府的成立。法國政府為了確保其共和政權，不得不與兵力數量極優勢的多國聯軍作戰。法國為確保生存，實施全國皆

兵的徵兵制，從此兵員不虞匱乏；而爲使徵來的士兵能立即投入戰場，拿破崙不得不採用美國獨立戰爭（1776年）的「散兵戰術」，及自創一格的「縱隊戰術」。同時，爲了能在國境外作戰自如，不須過分依靠倉庫補給，創造了「就地取糧」、「因補於敵」的戰略思想，而爲使在國境外與優勢聯軍作戰有利，所以摒棄當時各國只圖保存實力的「消耗戰」，採取了各個擊滅的「殲滅戰」。

拿翁內線作戰的思想，是因上述歷史背景限制下而創造出來的。爲使內線作戰更臻完善，他又將砲兵集中使用，使大砲威力加大；又用騎兵擔任搜索警戒，增加了法軍情報蒐索能力；又用騎兵編成大集團；利用騎兵之強大衝力，於決戰時投入造成敵方不可抵抗的力量；並編成師及軍團，以減少指揮層次，增加指揮速度。

從1796年以來，拿破崙依據以上諸手段，連續擊潰了「反法同盟」的多國聯軍部隊。也讓拿破崙博得「內線作戰聖手」的美譽。從拿破崙的用兵方式，得知內線作戰的時機與條件可歸納爲：第一，戰略形勢上我居於內線時；第二，敵軍由數個方面向我前進，陷於分離之際；第三，我兵力劣勢，對數方面敵軍以實施各個擊滅

較爲有利時。而其成功的條件則爲：第一，須能造成並保持敵軍之分離；第二，具有必需之兵力，於持久方面能拒止敵軍，決戰方面能形成優勢；第三，有足夠之迴旋空間及良好之機動路線；第四，具有優越之機動力；第五，能掌握戰爭面[10]等因素。

第三節　外線作戰的理論與用兵方式

外線作戰的原理

外線作戰之意爲：**從兩個（含）以上方向對中央位置敵軍實施分進合擊，對敵形成戰略包圍之作戰。但從一個方向使用兩個或兩個以上爲地障所間隔的兵團，對在該地障外線遠端且橫向連絡線較短敵軍之作戰亦屬之。**[11]事實上，明瞭了內線作戰的用兵方式，也就能反推出外線作戰的用兵要則。外線作戰的核心是如何運用優勢兵力將敵包圍於戰場之內而殲滅之，此種作戰方式極易讓敵軍喪失心理平衡。

外線作戰要能成功，在於各個處於外線作戰的部隊能夠相互策應，發揮統合戰力。約米尼認為，從近代戰爭可以獲知：兩條向心的作戰線要比兩條離心的作戰線更為有利；前者比較適合於戰略原理，而且具有可以掩護交通線和補給線的利益。但是為了避免危險，在兩軍未會合前，即兩軍還在作戰線行動時，應儘量設法使每一支軍隊不致於個別地受到敵軍集中兵力的威脅。⓬外線作戰之利，在於能掌握主動、保持行動自由、及補給線較為安全。同時，又可利用廣大機動的空間及多條機動道路，便於將優勢兵力展開對敵形成包圍，予以殲滅。

外線作戰的成功條件

18世紀中葉以後，由於科學與工業的進步，用兵的方法也起了很大變化。如鐵道的鋪設，使大軍運動較拿破崙時代快約六倍；通信隊的創立，使指揮連絡也較已往快速；步槍由前膛槍轉變為後膛槍，發射速度與精準性都大大提高；火砲的射程也較拿破崙時代增加三倍，加上交戰國用於戰場上的兵員數量也較已往增加。這些科技與工業的進步，自然激發外線作戰的思想。此外，

毛奇對於拿破崙時期的「萊比錫會戰」、「滑鐵盧會戰」等戰役的研究，認為「求心前進」方式，遠較「離心前進」方式有利。於是形成了外線作戰「分進合擊」的思想。毛奇掌握住上述時代演變的脈動，創造外線作戰的用兵觀念，分別於1866年及1870年擊敗奧國與法國。

從毛奇外線作戰思想的形成與發展來看，利於實施外線作戰的時機為：第一，就戰略形勢而言，我方居於外線時；第二，具有兵力優勢，我方可對敵方實施分進合擊時；第三，各路兵團能相互有效策應，發揮統合戰力時[13]。而其成功的條件則為：第一，具有兵力優勢；第二，各兵團行動能密切配合，發揮統合戰力；第三，各兵團間有良好交通線，便於兵力機動與轉用；第四，居內線之敵軍缺少迴旋空間[14]等因素。

外線作戰的形成因素

外線作戰的作戰進程，必須是各路兵團在統一指揮下，採取密切配合的方式，對處於中央位置的敵軍取「向心攻勢」，且要持續進行壓迫當面敵軍，並迅速進出利害變換線，完成戰術包圍而殲滅之。**外線作戰的實施**

過程，是由一個「戰略包圍」導致「戰術包圍」的實施階段，最後再進而分割擊滅敵軍的有生戰力。

　　為了要確保外線作戰過程的順利進展，外線作戰形成的因素即必須掌握下列諸項：

一、優勢的兵力

　　《孫子》〈謀攻篇〉說：「用兵之法，十則圍之」。孫子認為要對敵人遂行包圍，必須在兵力數量上能超過非常多，才有可能將敵人圍而殲之。所謂的「十」並非一定要在數量上達到十倍之多，其真正涵義是指比敵人具有「絕對優勢」的兵力。事實上，用兵的作戰目標為「如何迫使敵人於不利狀況而與我進行決戰」，而為達成此一目標，作戰方式採包圍較易成功。包圍作戰的方式必須在我軍兵火力的數量與強度上較敵軍為優，才有可能實現。**優勢兵力是實踐包圍作戰的基礎，外線作戰的最終目的也是要對敵人實施包圍。**

二、各個單位的密切配合

　　當我軍各路兵團向預定作戰目標分進，各路兵團在向目的地移動期間，極可能發生決戰。然為確保各個單

位能順利到達目的地，各個兵團必須避免與敵人發生決戰，以免在決戰中被敵人強大的兵力擊滅或削減其戰力。（**外線作戰之弊，在於各個部隊在未到達目的地前，統合戰力處於分散狀態，較易被敵軍各個擊滅**）。因此，在向目的地移動之前，務須爭取與保持各個部隊間的聯繫，才有利於各個部隊到達最後的目的地。

三、各單位連續對最後目標施加壓力

當各個部隊由「戰略包圍」進入「戰術包圍」階段，**代表著敵我雙方將進入決戰的階段**。此時，各路兵團對於圍殲敵軍的作法，包括：第一，圍困敵軍，使敵軍無法脫困，待其兵疲物竭之時再行強攻；第二，各個兵團同心協力向一個標的物採取壓迫攻擊，儘速壓迫敵軍於不利狀況下決戰；第三，有時為求作戰容易，可運用優勢兵力先將敵軍分斷開來，來逐次將其各個擊滅。

本章小結

內線作戰的秘訣在於運用「整體」與「局部」的哲學理則，同時此種作戰方式是將「戰鬥三要素」（「力

量」、「時間」與「空間」）分開來處理，也就是說當某一方的軍事能力無法與對方進行力量的競賽時，則可將「力」、「空」、「時」分項處理，以發揮時間與空間上的優勢，扭轉在打擊兵力上的不足（劣勢），各個殲滅敵軍。

　　反之，外線作戰的用兵理則是要發揮整體的效能，以避免局部在未達成整體效能之時受到重創，它是將「戰鬥三要素」視為整體的結構來看，並且要想方設法使整體結構不會遭到肢解破碎，才能確保以完整的戰力擊破敵軍。

　　約米尼認為：「大將用兵的秘訣，在於能交互地運用內、外線運動。」❿內線作戰與外線作戰實際上是異曲同工、一體兩面的用兵形式，在運用上須綜合考察各種可變因素，才能熟稔內線作戰與外線作戰的精髓。

▌▌▌註釋

❶約米尼，《戰爭的藝術》（台北：三軍大學，1997年），頁
101。

❷約米尼，《戰爭的藝術》，頁101。

❸約米尼認為，所謂的戰略位置，是指一支軍隊在一段固定的時
間內為能占領一個比實際作戰幅員更廣的作戰正面。因此，一
支部隊在敵人威脅以外所從事行軍的日常位置，及有時為了便
於部隊行動而改變位置也都屬於戰略位置。詳見約米尼，《戰
爭的藝術》，頁94-95。

❹約米尼，《戰爭的藝術》，頁96。

❺李德哈達，鈕先鍾譯，《戰略論》，（台北：三軍大學，1989
年元月），頁345。

❻劉衛國，《戰爭指導與戰爭指導規律》（北京：解放軍出版
社，1995年7月），頁110。

❼劉衛國，《戰爭指導與戰爭指導規律》，頁111。

❽《國軍統帥綱領》，頁3-31。

❾約米尼，《戰爭的藝術》，頁96-97、117。

❿《陸軍作戰要綱——大軍指揮》（桃園：陸軍總司令部頒，
1989年12月，頁4-69。

⓫《國軍統帥綱領》（台北：國防部印頒，2001年12月），頁3-

31。

⑫約米尼，《戰爭的藝術》，頁117。

⑬《大軍指揮草案》，頁4-74。

⑭同上註。

⑮約米尼，《戰爭的藝術》，頁97。

第八章

戰爭中補給線的運用

　　大軍作戰受裝備、補給、地形、敵情、天候等諸多限制因素的影響，所以指揮者如何避開限制因素，並設法使敵軍陷入限制因素的泥沼中，遂成為大軍作戰用兵藝術的重要考量。大軍作戰必須思考敵我雙方的「節度」與「脆弱性」等兩個重要問題，因為「節度」與「脆弱性」與大軍的補給線有極其密切的關係。尤其，補給線是大軍的生命線，也是最為脆弱之處，更是彼此可以運用威脅對方的關鍵所在。**補給線的運用及維護方式，在大軍作戰中實扮演一個決定性的角色。**

　　野戰用兵就目的言，可分為速決作戰與持久作戰；就手段言，可分為攻勢作戰與守勢作戰；就態勢言，可分為內線作戰與外線作戰。前面敘述了「速決作戰與持久作戰」、「攻勢作戰與守勢作戰」、「內線作戰與外線

作戰」這三類作戰方式，然任何一種用兵方式都無法脫離補給線與作戰基地的關聯性。因此本章主要探討補給線在作戰中的地位及其運用方式，以「後勤補給在作戰中的價值」、「如何運用補給線」及「補給線在現代戰爭中的運用」等三項議題作為分析架構，以期能對「大軍用兵」理論與方法的認識更為完整。

第一節　後勤補給在大軍作戰中的價值

後勤補給與作戰計畫

　　一般咸認，大軍作戰因急功爭利而喪失「節度」的最大原因，是「補給」跟不上大軍，以致無法維持戰力。因而，《孫子》〈軍爭篇〉說：「軍無輜重則亡，無糧食則亡，無委積則亡。」誠如約米尼所述，作戰的基礎即在於「建立和組織作戰線、補給線、連絡線以及分遣兵力的交通線。更須在大軍後方指派能力優秀的軍官，擔負組織和指揮的任務，命令他負責支隊和運輸部

隊的安全，並且使前線軍隊與後方基地之間，保持著適當的交通工具」，❶如此才能確保大軍的整體運作與軍隊的安全。

戰史中因無法確保補給線的安全而遭失敗者，不勝枚舉。例如二次大戰期間，德軍第六軍團在史達林格勒的作戰，終因補給線被俄軍截斷，導致彈盡糧絕而投降。軍隊對補給及後勤物質的依賴非常大，也就是說，補給線是軍隊的生命線。

任何軍隊的作戰，都必須依賴後方基地及其與之相連絡的補給線，才能生存。軍隊必須依賴後勤，後勤則須支持軍隊。軍隊的組織越大，對後方基地的依賴程度即越強。後勤補給與各項設施的建立與支援重點是以作戰計畫為依據，同時也須考慮整個作戰地區的特性，並將後勤支援置於作戰的重點方面，才有利於任務的達成。

建立與維繫後勤補給能量，以支援軍事作戰目標的達成，是作戰中最困難的任務之一。因為，**作戰中最困難的問題莫過於「節度」的掌握。「節度」能否控制得宜，端賴「後勤補給」能否與「作戰速度」相互配合**。《孫子》〈軍爭篇〉：「舉軍而爭利，則不及；委軍而爭利，則

輜重捐。」孫子提醒用兵指揮官不因爭功好利，而不考慮作戰中有關地形、交通和補給等限制因素，其結果必然無法達成目的，此乃「舉軍爭利而不及」之意。

戰史中因急功好利而失去勝利的例子，最為顯著者當推1812年拿破崙征俄之役。拿翁失敗的主要原因：首先，他無法捕捉俄軍的主力（俄軍主力也刻意避免與法軍決戰）；其次，因法軍急於獲取決戰之功，因而疏忽了補給的節度是否能跟上作戰的節度，導致過長的補給線無法有效支持前方部隊的作戰，最終在冬季來臨之後，法軍作戰節度隨即陷入困境，而遭受全軍覆沒。這就是「舉軍爭利而不及」的最好例證。

補給線與作戰部隊

如何在戰場上乘敵之隙，「充分發揮己方力量」和「採取一切措施牽制敵人」是作戰用兵的兩個思考方向。牽制敵人就是要限制敵人作戰能力的發揮和破壞其在戰場上的協調能力。主要的作法計有：限制敵人的火力無法發揮效用；制約敵人的機動能力，降低其轉移戰力的機會；切斷敵人後勤補給能力，使敵人在供應不繼

狀況下，無法堅持作戰；減低敵人相互配合的能力，使敵人統合戰力無法發揮。❷以上制約敵人的各種方法中，若能威脅或牽制敵人的補給線或後方基地，即可達成上述四種目標。是故，補給線在作戰中的地位實居關鍵位置。

事實上，**補給線為作戰基地至作戰部隊間藉以確保並增進持續戰力之路線**，亦為軍隊之生命線。補給線之選定以便捷為主旨，且於任何狀況下，均應確保其安全與暢通，以保持並增強部隊之持續戰力。後方（補給基地）與前方（作戰部隊）在整場戰爭中的關係應視為同一個整體，而不可將其視為不同的場域（前方與後方之分）。前方與後方的聯繫必須依賴交通線，因為它是任何一支軍隊存在的必要條件，交通線有雙重的任務：第一，它是經常補給軍隊的交通線；第二，它是軍隊退卻的路線。❸軍隊與其基地在整個作戰過程中，應視為一個整體，交通線則是整個整體的神經與動脈，三者之間組合成了基地與軍隊之間的聯繫關係。

大軍作戰的過程中，對於補給線安全的維護，成為敵對雙方在戰略思想與作戰計畫中，首要思考與顧慮的安全問題。尤為重要者，敵我雙方都會以威脅或截斷對

方的補給線爲首要考量，哪一方能較對方稍早截斷對手的補給線或交通線，即會有較大的機會擊敗敵人的軍隊，從而迫使敵軍退卻，甚至達到殲滅敵軍。毋庸置疑，**後勤補給與作戰實爲一個整體的關係，而補給線通常也是大軍作戰的連絡線，甚至是作戰線。**

戰略位置與補給線的關係

所謂的補給線與作戰位置的關係是指：一支軍隊爲了達到決勝的目標，或是爲達成某種重要的機動目的，將作戰基地設置在與戰略位置相關的地點上，而這些路線與作戰位置即形成了極爲密切的關係。因爲，後方基地是前方部隊戰力的保障，相對的也構成前方部隊必須確保的要域，在這個意義下，無形中補給線即變爲前方部隊的致命傷。而要維繫好交通聯繫，必須注意自己的作戰方向與敵軍可能對我攻擊的方向，一旦這些方向選擇錯誤，我方的弱點很快即會暴露出來，並會成爲敵方攻擊的重點所在，此一弱點在大軍作戰中稱之爲「戰略翼側」❹。

因而，在大軍作戰中，凡是有「戰略翼側」的一方

必然會對其作戰線（補給線）造成威脅，反之則無。所以我們也可針對「戰略翼側」的出現歸納出一個原則：作戰雙方的決勝點就是在彼此的翼側上，從翼側方面的攻擊很容易截斷作戰部隊與基地及援軍間的聯繫，而不會使攻者的位置暴露。作戰過程中，各造會無所不用其極地採用各種謀略手段，努力地消除自己的「戰略翼側」；並威脅對方的「戰略翼側」。

第二節　如何運用補給線

補給線與「作戰正面」、「戰略翼側」的關係

　　傳統戰爭中，「補給線」與「作戰正面」的關係可以用「全軍」與「破敵」的想法來說明。「全軍破敵」是用兵最完美的境地，因為「全軍」的目的旨在確保我軍戰力的完整，並且能以「最小的犧牲作為」為目標；「破敵」則是企圖設法尋求與敵軍主戰兵力決戰，並擊破敵軍。然而雙方既是決戰的過程，那麼傷亡在所難免，「全軍」

與「破敵」在方法上要能確保其成功，實為艱鉅之挑戰。

「全軍破敵」與補給線／作戰正面的關係，必須思考兩個介面：首先，補給線是牽涉大軍給養問題，是維護軍隊可否有戰力的不二法門，換言之，補給線的維護即是「全軍」任務能否夠達成的重要法則。其次，「作戰正面」的兵力部署考量，實與「破敵」有密切關係。誠如拿破崙所言：「整個作戰的藝術即是在決勝點上，兵力較敵人為優勢」，拿翁之言已指出，「作戰正面」兵力的多寡，關係著能否擊敗敵軍，所以要達到「破敵」的目標，本身犧牲在所難免。故兩者要能調和，在用兵上實須慎密考量。

事實上，考慮「作戰正面」的決定，必須視部隊的任務、兵力大小與其使用的火力強弱而定，而且須結合實際的地形因素。但是，在戰略部署上，應使補給線受「作戰正面」與「地障」之自然掩護。因為，**「補給線」與「作戰正面」成直角態勢時，則比「補給線」與「作戰正面」成平行之態占優勢。**雙方之「補給線」與「作戰正面」均平行時，則雙方的戰略態勢概等。反之，決戰時若「補給線」與「作戰正面」平行時，則處於極不利的戰

略態勢。

所謂的「戰略翼側」是指敵「作戰正面」靠近我方補給線，謂之我有「戰略翼側」的危機。「戰略翼側」的形成，多因本身在兵力部署上的疏忽，其次即是無法判明敵情的發展，甚至無法得知地形對敵我雙方的兵力布局、對戰爭可能造成的影響等因素，而形成作戰前可能對我不利的戰略態勢。在戰爭發動之前，如何確保本身「戰略翼側」安全，變為極重要的一項思考。

補給線受威脅下的用兵法則

用兵部署上，若我方的補給線不慎受到敵方主力威脅時，我軍的用兵方法首要的考量即是「如何在犧牲最小下，先確保『全軍』為目標，爾後再求與敵決戰」。在用兵方法上，有以下幾種方式：

一、退卻以恢復其補給線之安全

運用退卻方式來達成「全軍」目標，首先須思考的問題為：「要不要放棄原先所占領的領土、城池或要域，以使我方能獲重新兵力部署的機會」。此一機會的

爭取必然有所得失，在「失」的方面必須失去上述要域。而所「得」者，可以「用空間換取時間」，以爭取兵力重新整合的機會，並重新恢復我方補給線的安全。盱衡全局，若我方在補給線被截斷的情況下與敵進行決戰，將會陷我軍於不利狀況，採取退卻以恢復補給線安全，不失爲「大軍用兵」之良策。

二、抽調兵團重新部署。

作戰過程中若發現我方的部署重點成爲敵人打擊的目標，此時作戰指導必須設法將尙未展開於第一線的部隊（通常爲預備隊）投入到虛弱之區，以防堵敵軍乘虛而入，迫我於不利情況下決戰。

三、在翼側展開，「作戰正面」與補給線平行，準備決戰

在翼側展開與敵決戰的構想，乃一種被迫於不得已狀況下的選項。因爲，敵人已對我的弱點產生威脅，若無法及時向後方撤退或運用其他補救措施時，則只能準備與敵進行決戰。此一戰法的要訣，有賴我軍分進合擊的速度較敵人爲快，才有可能獲取勝利。

四、取攻勢行動，以求決戰。

　　採取此種方式時，乃雙方主力都有意圖進行主力對主力的決戰。因此，當我方補給線已被敵軍威脅時，而我又無充分多餘的時間以其他方式進行部隊調整時，我軍即準備與敵軍進行決戰。其要領為：在「戰略翼側」展開，準備與敵軍進行決戰；或以原方向原態勢向敵軍主力進行決戰。無論採用何者，其間最重要的是我軍戰力不被敵軍分割，並使我軍兵力能適時適地的與敵決戰。

補給線被截斷後的態勢與用兵法則

　　若我軍補給線已被敵軍截斷時，其作戰要領有二：第一即是轉進（須有可以「走」的條件與空間）；第二即是奮力一搏與敵爭個你死我活的戰鬥。故其用兵方式計有以下四項：

　　1.繞道後退以恢復補給線；
　　2.突穿以恢復補給線；

3.取攻勢求決戰；

4.截斷敵補給線。

已威脅（即將截斷）敵方補給線時的用兵法則

上述兩種情形的作戰狀況，都是我軍處於不利狀況下的作戰方式。然而，我軍一旦處於有利狀況，例如我已威脅（或即將截斷）敵方補給線時，其用兵的法則即是要考慮如何繼續壓迫敵軍，使其完全失去主動，且在敵軍戰力與士氣都極為低弱狀況下，繼而再迫其作戰。我軍的作戰要領有二：

1.壓迫敵人使其「作戰正面」與其補給線成平行下，再求決戰；

2.繼續截斷敵之補給線再迫敵決戰。

戰史例證

1943年9月盟軍在地中海地區的作戰，由英國蒙哥馬利將軍負責指揮英、美聯軍。盟軍作戰方向是從義大

利南端的西西里島越過墨西拿海峽，發動攻勢，以攻克羅馬，以擊滅在羅馬以南的德、義聯軍爲主要目標。經過四個多月的攻擊，英、美聯軍僅向北推進約七十英哩距離，始終無法突破德軍在羅馬以南的「古斯塔夫防線」。當時在義大利，英、美聯軍總共有二十個師左右的兵力。德軍在羅馬以南也大約有二十個師。聯軍爲打破僵局，於是在1944年1月22日在義大利的安其奧海灘以五個師的兵力突擊登陸。（如圖8-1）五個師初期的攻擊進展，受到德軍的猛烈反擊，進展非常困難，但由於英、美盟軍擁有海、空軍的優勢，遂於同年2月底在安其奧海灘站穩腳跟，建立了灘頭陣地，而當德軍知道盟軍後續部隊將可陸續從安其奧地區增援上來，於是立即放棄「古斯塔夫防線」向羅馬以北撤退。

德軍放棄防線的理由，主因德軍「戰略翼側」已經暴露在盟軍的登陸地點附近。若德軍繼續死守防線，則其補給線將會被盟軍截斷，甚至被迫於不利狀況下與盟軍決戰。由此可知，作戰中對於補給線安全的維護，並設法威脅或截斷對方補給線，實爲大軍作戰能否獲取勝利的關鍵因素。

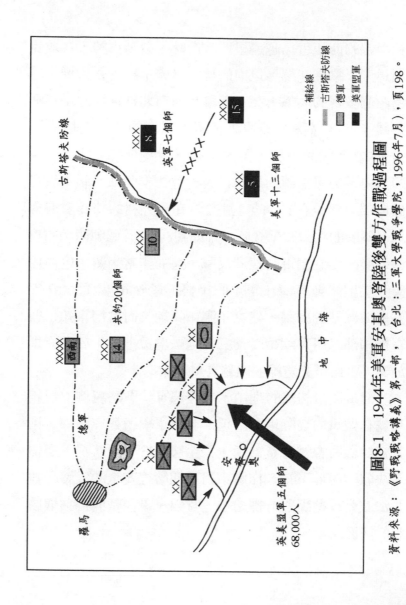

圖8-1　1944年美軍安其奧登陸後雙方作戰過程圖

資料來源：《野戰戰略講義》第一部，（台北：三軍大學戰爭學院，1996年7月），頁198。

第三節　現代戰爭中的補給線

後勤在現代戰爭中的特性

　　現代戰爭中，由於物資消耗遽增、戰役節奏加快和作戰機動性不斷增大之下，作戰各方對武器裝備的依靠程度日益加深。戰爭中哪一方的後勤能力較對方為強，其勝利的公算即會增大，無形中後勤的地位大幅升高，遂成為現代戰爭中的特色之一。然而吾人亦相對的必須注意到後勤所呈現出的「艱鉅性」、「驕貴性」與「脆弱性」特徵。

一、後勤的「艱鉅性」

　　越是精密的武器其技術的維護越是困難，首先，後勤系統的維護更為複雜；其次，先進武器裝備不但精密、複雜，同時也相對「脆弱」，要使這些武器裝備始終保持良好的作戰和工作狀態，就必須實施不間斷的技

術投資，從而大大增加了保養和維修的工作量。例如，第一次波灣戰爭期間，美軍一架F-16戰機在起飛前必須進行45分鐘的技術維修和保養，F-117隱形戰機所需的保養和檢測時間則更長。在戰爭期間美軍對30多艘多國部隊的艦艇進行了一萬多次的維修。❺現代戰爭為維繫新式武器的性能與作戰效率，其投注資源之大，付出辛勞之苦，可見一斑。

二、後勤的「驕貴性」

現代戰爭講求速度與精準，一旦後勤補給無法及時滿足作戰部隊上述方面的需求，其精準度與速度即無法發揮。例如，第四次「以阿戰爭」初期，埃及軍隊雖然首戰告捷，強渡了運河，但由於機動後勤設施無法跟上，大量的作戰物質仍留在運河西岸，使進攻部隊渡河後得不到及時的作戰需求，不得不在進攻的第三天停止下來，等待補給，從而貽誤了戰機，給以色列有反擊的機會，終使埃軍作戰失利。因此，越是精密的武器其對後勤的依賴即會越大，所以，要維繫一個能不斷支持作戰系統的後勤系統，實非易事。

三、後勤防護的「脆弱性」

由於科技精密、武器裝備種類數量巨大，致使後勤的結構性越來越複雜，同時對作戰人員的保護措施也日益提高，現代戰爭中後勤防護能力的提升，已成為當代後勤的一項嚴重問題。

尤為明顯的，一方的作戰系統對於另一方後勤系統的打擊，將會打擊下列三大類的目標：第一類是國家的經濟命脈和國防工業基礎設施。從1973年第四次「以阿戰爭」以色列針對敘利亞的煉油廠、貯油設備進行猛烈轟炸，即可明瞭。第二類是針對作戰物質的集運地或運輸工具。例如1982年英國與阿根廷「福克蘭群島戰爭」中，英軍在登陸福島前，以空軍重點突擊福島阿根廷軍隊的機場、港口、飛機和船艦，炸毀了島上全部機場，使阿根廷守軍陷入彈盡糧絕的困境後，英軍再行登陸。第三類是運輸補給線，1991年波斯灣戰爭地面作戰行動開始後，美軍使用第一〇一師空中突擊師和機械化第二十四機械化步兵師等實施縱深攻擊，快速機動向幼發拉底河，僅用一天時間就完全切斷了伊軍的補給線和退卻路線，導致伊軍地面部隊潰不成軍，多國部隊也因而可

以在不到100小時的時間內贏得地面作戰的勝利。❻後勤的「脆弱性」在未來戰爭中，仍將會成爲敵軍攻擊的首要目標，所以未來的後勤補給更是我軍防衛的重點，必須花費比以往更大的人、物、力來維護。

現代戰爭中補給線的運用要領

一、後勤補給「確立優勢」的觀念

大軍作戰「確立優勢」的目的，主在建立起相對於敵方某項或局部力量的對比力量，以使作戰中能保有該方面的優勢，利於爭取全面的勝利。此種作法對裝備劣勢的一方與強敵作戰時，更爲重要。因爲，劣勢裝備的一方不可能占有全局的優勢，如何在局部或某一方面保有優勢，更成爲「以弱擊強」用兵的重要思考策略。

確立後勤補給能力的優勢，主要以維繫本身安全爲考量。至於，如何爭取後勤補給能力的優勢，首先不能再拘泥於以往所謂「補給線是否與作戰正面成垂直」來作爲比較的依歸，因爲在一個立體的空間內，「垂直線」已無法滿足現代戰爭的需求，必須建立全方位防護的新

觀念。其次，應建構一個機動的後勤概念，後勤設施與補給線應以隨時可進行轉換爲其部署的主要考量重點，才能符合未來作戰的需求。

二、縱深打擊敵方後勤設施

過去作戰，通常是敵方先暴露其弱點或正面出現間隙之際，我方將攻擊敵方暴露之處。然而，現代戰爭中，由於上述的缺陷或間隙不可能長時間處於靜止不變的狀態，時機的掌握更成爲一項重要因素。

有鑑於此，未來作戰必須廣爲運用偵蒐系統及資訊設施，才能把敵人的弱點與我方攻擊的重點相互結合。此種結合並非是賦予單一武器或單位的用兵任務，而是我軍的作戰系統與敵方後勤系統的結合。因而，在用兵的過程中，須使我方作戰系統不僅能完全掌控敵軍的作戰部隊，甚至也能涵蓋整個敵軍的後勤系統，以形成一個縱深的打擊空間。攻擊敵軍的後方設施已不是一個「線性的概念」，而是一個「空間的作戰觀念」。

三、「非線式攻擊方式」將直接威脅「補給線」的安全

美軍新版《作戰綱要》認爲「最有決定意義的進

攻，是使用壓倒優勢的兵力攻入敵後」。❼現代戰爭中，由於軍隊的偵察力、火力和機動力空前提高，在作戰中，為能獲得敵軍薄弱之處，以造成和迅速利用敵方的薄弱部位，提供攻擊敵方更有利的條件，吾人應將「避實擊虛」的思想應用在現代作戰之中。

現代戰爭中，敵對雙方的交戰已模糊了戰線的概念。敵對雙方的交戰規則已從「線式作戰」朝向「非線式作戰」方式的規則發展。例如1973年第四次「以阿戰爭」中，以色列在蘇伊士運河東岸苦心經營的「巴勒夫防線」，被埃及軍一舉衝破。1991年波斯灣戰爭中，伊拉克在東部戰場上構築了「沙丹防線」，以防止聯軍戰車快速突破，並部署重兵防守。但以美國為首的多國部隊，僅用部分兵力在伊拉克設防，主力機動則轉至西部戰場，向伊拉克的翼側實施連續快速突擊，伊拉克在東部戰場的設防陣地等於不攻自破。

未來戰場上，「非線式作戰」中的戰場將更加空曠，作戰方式將更加「不規則」，陣地戰在有準備之敵的攻擊下，已經失去了它的屏障作用，而且作戰行動中攻擊一方也力求避開固定戰線的爭奪，轉從翼側甚至後方攻擊。❽未來戰爭要想威脅敵方的後勤設施，運用

「非線性」的作戰方式將會成爲重要的用兵法則。

本章小結

　　補給線在作戰中的地位如同大軍的命脈，如何確保己方補給線安全和威脅對方補給線，是兵力運用的重要手段。作戰中每一個決心的下達和修改都必須思考補給線的問題。尤其，指揮者必須結合作戰與後勤兩股力量，使兩者成爲一個整體，才是掌握戰場主動，獲取戰爭勝利之道。

　　現代戰爭中，後勤的特色較傳統戰爭時期更爲突出。「補給線」的概念受到高科技的影響，成爲軍隊縱深打擊的自標，也爲「大軍用兵」提供了一個「時機」。隨著打擊與破壞手段的多樣化，打擊的強度與方式也進而增大其效率，**大軍作戰「補給線」的用兵概念，必須從「線」的概念，向系統化「立體」的概念轉折**。未來，運用後勤或補給線作爲「大軍用兵」的思考，必須與敵人進行高強度、多樣化的抗衡，也要在變化萬端的戰場上，進行與敵人鬥智的作戰，才有可能在戰場上用「後勤與補給」當手段，進行「創機造勢」的目標。

▌▐▌註釋

❶約米尼，《戰爭的藝術》，頁281。

❷展學習、翟東景、楊國傳等編，《戰役學研究》（北京：國防大學，1997年2月），頁151-152。

❸克勞塞維茲，《戰爭論》（北京：商務印書館，1978年7月），第五篇：軍隊——給養、基地與交通線。

❹所謂的「戰略翼側」是指敵作戰正面靠近我方補給線，謂之我有「戰略翼側」的危機。戰略翼側的形成多因本身在兵力部署上的疏忽，其次即是無法判明敵情的發展，甚至無法得知地形對敵我雙方的兵力布局、對戰爭可能造成的影響等因素，所形成作戰前可能對我不利的戰略態勢。

❺于國華，《現代進攻戰役主要問題研究》（北京：國防大學出版社，1998年6月），頁51。

❻《海灣戰爭》下冊，（北京：軍事科學出版社，1992年2月），頁43-56。

❼于國華，《現代進攻戰役主要問題研究》，頁122。

❽岳嵐、陳志波、古懷濤編，《「打得贏」的哲理》（北京：解放軍出版社，2004年1月），頁75。

第三部

未來的野戰戰略

第九章

改變野略用兵方法的因素

現代戰爭與傳統戰爭最大的差別，首先是在於尖端科技武器大量的運用在戰場上；其次是戰場上的「正規作戰」與「非正規作戰」相互參雜，甚至已經出現「非正規作戰」在戰場上大量使用的情況。❶另外，有關戰場的透明程度也將因資訊裝備的大量使用，使得戰場將更加透明化。尤其，上述科技已不斷滲入到作戰場域的各個層面，戰場的複雜程度與用兵方法必將產生巨大影響。因為，**用兵方法往往蘊藏在科學發展之中，一種新的戰爭型態與用兵思維，也會因人類科技武器的創新而創新。**❷

為因應未來用兵方法可能遭受的衝擊，本章從戰爭目的的轉變、科技武器對用兵方式的影響等構面，分析探討用兵思想與方法的演進因素。

第一節　現代戰爭的目的

傳統的「戰爭目的」內涵

　　傳統戰爭的目的，深受克勞塞維茲《戰爭論》的影響，認爲戰爭是一種暴力行爲，而暴力的使用是沒有限度的。[3]因而無論是取攻或取守，都是以殲滅敵方爲主要手段，而在作戰方式上則是儘量集中優勢戰力，藉著機動力及戰力之分合，迫使敵軍於不利狀況下決戰，最後殲滅敵軍。整體而論，克氏的戰爭觀強調以「力」爲遂行或結束戰爭的依歸，所以他在《戰爭論》中強調：「有些仁慈的人可能容易認爲一定會有一種巧妙的方法，不必造成太大的傷亡就能解除敵人的武器或者打垮敵人，並且認爲這是軍事藝術發展的眞正方向。這種看法無論多麼美妙，卻是一種必須根除的錯誤思想，因爲在像戰爭這樣的危險事情中，從仁慈之中產生的這種錯誤思想是最爲有害的。」[4]魯登道夫在其《總體戰》中

指出：「要對敵方整個民族實施打擊，軍人、平民、軍營、軍事經濟目標、交通等都是攻擊目標，因爲既然一切都與戰爭有關，那麼破壞的任何部分都是合理的。」❺

不可諱言，受克勞塞維茲的影響下，自19世紀以來的戰爭，其戰爭目的設定都無法脫離「徹底擊滅敵軍」的思考。此種以「力」爲核心的思維，深深影響了歐、美國家的戰略思考。

「戰爭目的」的轉變

戰略原則中有一項不變的鐵律──「手段與目的必須相互配合」。**「手段」服務於「目的」，「目的」又受「手段」制約。**所以，李德哈達才會在他的「戰略與戰術八大原則」的第一條強調：「調整目的與適應手段」。❻事實上，自克氏以來，戰爭目的設定深受「軍事服從政治」的影響，通常會涉及兩個層面：「戰爭的政治目的」和「戰爭的軍事目的」。對於前者的考量，「政治目的」是要通過「戰爭手段」來獲取「政治目標」；而後者的思考方向，則是強調「在戰爭中要達成何種軍事狀態，

才能支持政治目的」。

　　從政治目的設計方向來看，二次大戰以前，人類戰爭歷經農業、工業兩大時期，此期間人類對於土地、資源、礦產、原物料的依賴非常高。政治的目的主要在於獲取領土與掌握各種資源。戰爭一旦發動，因受政治目的的影響，當然以攻占領土、掠奪資源，以來滿足政治的要求。然而，所謂屈服敵人戰鬥意志的背後，所蘊藏著真正涵義，其實是以達成政治目的為依歸。但是戰爭往往異常激烈，伴隨而來的代價，是武力戰破壞物質的有形力量與摧殘人類的寶貴生命。鑑於此，二戰以後（冷戰期間），人類開始反思戰爭的政治目的，是否真的要以土地、資源為主要考量？上述目標的獲取，是否真能為人類的需求帶來幸福？換言之，為了土地、資源的占有，是否需要更大的犧牲？

　　冷戰結束後，世界格局發生更大變化，其中經濟之間的聯繫並沒有一定的疆域，國與國之間的往來，亦將人類以往「你」、「我」之間的界限打破，使得國與國之間的政治目的不再以赤裸裸的領土占領、資源掠奪或奴役他國民族作為思考的重點。反之，「政治目的」的範圍隨著上述時代價值的轉變，不斷縮小其武力可能造

成的傷害。

尤有進者，「戰爭目的」也受到國際組織的制約，例如一國國內發生內戰，可能將戰爭延伸到其他周邊地區時，國際社會也會想方設法阻止戰亂的惡化。例如，1996年波西尼亞的內戰與1999年科索沃的戰爭，北約及聯合國的維和行動或軍事干預，都是為了防止戰爭演變成為複雜的國際問題。因此，目前戰爭與國際組織已構成無法分離的特性。

冷戰結束後，世界上所發生的各種衝突，幾乎都必須先經聯合國或地區性的國際組織介入或斡旋下，才能涉及軍事武力的使用。因此，戰爭的發動、執行與結束，都與國際組織有密切的關聯性。各國都必須在國際法與國際組織的監督和制約下，制定各國的戰爭目的。例如1991年美國在波斯灣對伊拉克的軍事行動，美國從1990年9月起，歷經數月之久，一直等待聯合國安理會的指令，終至安理會於11月28日通過678號憲章令，授權美國為首的聯軍，可依規定時間之後對伊拉克動武，聯軍的軍事行動才得以順利展開。

再以2003年美國進攻伊拉克的戰爭目標設定為例：此次戰爭美國不顧大多數國家反對，以推翻海珊政權為

其政治目的。然美國政治目的不是以占領伊拉克的領土為主,相對的是以展示其為「解放者」的姿態,對伊國進行政治與軍事干預,以維護美國在中東地區的各種影響力。顯而易見,**當「政治目的」不斷進行調整之際,「軍事目的」的設定也須隨之調整**。以往以屈服敵人戰鬥意志、占領他國領土、掠取他國經濟資源的戰爭目標,也必須隨著國際間政治環境的轉變,而作調整。

因此,受國際政治格局的制約下,軍事目標的設定,不再以肆無忌憚的任意殺戮敵人,甚至要想屈服他國人民,來作為勝利的目標。「政治目的」的轉變,進而促使軍事目標與用兵思維的演進。**現代戰爭目的的內涵,已由過去「保存自己,消滅敵人」(全軍破敵)向「保存自己,控制敵人」的方向轉變。❼**「保存自己,控制敵人」已成為現代戰爭中的一項特質,因為,無論是擊滅敵人有生戰力,或是屈服敵人戰鬥意志,意謂著要命令戰敗國臣服於戰勝國的政治體制、經濟制度與戰勝國的意識型態之下。此種歷史條件的制約下,使戰敗國為求復仇,而再度發動戰爭的例子,不勝枚舉。例如,以阿之間的衝突,雖歷經五次的戰爭,以色列都獲得勝利,並將阿拉伯國家的武裝力量擊敗,然彼此之間的仇恨仍

無法獲得解決。

1990年代以降，在新的世界格局與政治環境影響下，戰爭以實現較低程度的控制，尋求利益平衡點，進而維護經濟利益和國家安全為目的。**❽**未來，戰爭的「慈化」現象將會不斷限制戰爭暴力的使用，政治的因素雖然仍會決定軍事目標的方向，而在**政治目的內涵中，對於「勝利」的解釋，將以「如何以最小的犧牲代價，而能與對方達成和平」為考量**。因應現代戰爭內涵的轉變，軍事目標的設計以及用兵方法的演進，都須以更精密的方式、更周嚴的思維，才能適應未來戰爭型態之變化。

第二節　科技武器的精進

資訊科技主導下的戰爭型態

中共軍事戰略學者王保存在其所著的《世界新軍事變革新論》一書中，對軍事變革提出五大新趨勢：第

一，在軍事技術方面，正由軍事工程革命走向軍事信息（資訊）革命；第二，在武器裝備發展方面，正由機械化裝備向信息化裝備過渡；第三，在軍事組織體制方面，正朝著便於信息快速流動與使用方向發展；第四，在軍事人才生成方面，正積極培養信息時代的知識型軍人；第五，在戰爭型態方面，機械化戰爭正在向信息化戰爭轉型。[9]從王保存的觀點得知，對戰爭型態與用兵思維方式的改變，科技武器的精進是一個決定性的要素。

戰爭中，「人」、「武器裝備」和「作戰理論」為構成軍事力量的三項要素。人和武器在不同時期會有不同的組合形式，其具體的表現則為軍隊的編制和組織結構。例如冷兵器時代，刀劍和武士成為該時期武力的主要結構；熱兵器時期的坦克、飛機、軍艦和人，組合成了機械式的戰爭型態；資訊化時代下的戰力組合，將會是一種以「知識型的戰士」與「資訊化設備控制下的資訊理論」連結為一的戰爭型態。

資訊戰的表現形式非常廣，有心理戰、情報戰、戰略競爭、威懾戰、電子戰、病毒戰、精確攻擊作戰、後勤作業設施等。**資訊作戰與傳統戰爭最大的差別在於它是**

在「看不見的空間」裡進行的，是一場無形的、不流血的戰爭。❿

　　資訊科技的進步，改變了軍事力量的投射方式，亦改變了以往三度空間的戰場。現代的戰爭是立體多維空間的作戰，可以從任何維度進入戰場，甚至以摧毀敵之主力或是指揮中心而結束戰爭。此種作戰方式的轉變，顛覆了往昔平面式的決戰程序（以大軍會戰來摧毀或擊潰敵軍）。因為，超越時空的「非線性」及「不對稱」的作戰方式，已不斷超越傳統戰爭中的用兵方式。另外，高科技條件下的資訊戰爭，有利於對敵軍戰場「透明化」的掌握，也降低了戰場上不確定因素及偶發情況的發生，並增加用兵的精準性。資訊科技主導下的戰爭，對未來「野戰用兵」將帶來重大變革。

科技武器影響下的戰爭特質

　　高科技武器與資訊裝備的突飛猛進，雖然對戰爭型態的演進帶來刺激效用，然越是高科技的裝備，所耗費的資金必然不貲，技術的精密性與複雜性亦使軍隊的脆弱程度也相對提高，武器裝備的操作者將越來越依靠科

技的維繫。大致而言，未來在高科技武器影響下的戰爭特質包括下列各項：

1. 未來戰爭的進行，不可能脫離經濟條件、政治因素、外交作為和人民意志等因素，而在準備戰爭和戰爭遂行的過程中，會始終體現戰爭的總體特徵。依靠國家總體力量的表現，才能掌握未來戰爭勝利的契機。

2. 現代戰爭是大規模使用飛機、艦艇、戰車和特種作戰部隊的協同作戰型態。戰爭初期，實施「先制攻擊」、「奇襲」、「速戰速決」的戰略性打擊，為必然的用兵方式。「預測有準備的作戰」、「適時反應」和「積極對抗」為現代戰爭的原則。

3. 「諸軍兵種的聯合作戰」、「戰略性戰役與會戰的考量」、「組織獨立的空軍與海軍遂行獨立戰役的方法」以及「軍隊指揮通連的方式」，都將不斷改變。

4. 受高科技武器的影響，人的思維能動性將不斷下降；人的「潛在精神力量」不斷下降，對於精密武的依賴性亦將越來越高。

5.戰場的透明程度，會因資訊裝備的大量使用，凡
　具備資訊作戰優勢的一方，往往掌握致勝的關鍵
　因素。

面對新形勢的思考

　　未來用兵的原理原則，相較於傳統的用兵理論，並不會有太大的變動。其真正會變的僅是時間（愈加緊促——勢險節短）與空間（愈益開闊——無遠弗屆）的轉變而已。因此，未來用兵方式的精要，即是在於如何創新「統一」與「聯合」作戰方式的功能。

一、如何創造「統一力量」的新思考

　　未來作戰是一體化的作戰方式，亦就是在整個戰場上，所有部隊的行動能融為一體，達成作戰的目標。因而一體化的作戰要求，不僅要求諸軍兵種統一作戰思想，甚至要求軍事部門能與政府各個機關能夠協調一致。所謂「統一」包括了軍事上的統一，也更擴及至全體國家力量的統一。戰略思考著眼於平時對於各項法規與交戰規則的建立，以使作戰期間，政府各部門與軍事

作戰單位能相互配合，發揮總體力量。手段操作方面，各作戰單位對於攻勢與守勢、內線與外線、火力支援與後勤支援要能結合為一，以使前線與後方成為一體，才能不斷增強「統一」的力量。

為了達成上述目標，建軍方面須逐步建立起一個能夠保障諸軍兵種一體化的作戰武力，與一體作戰指揮體制的「通連機制」，以使諸軍兵種能相互兼容、高效運作。為適應未來戰場，建軍的思考應以如何達成統合戰力的發揮為重點，如此才能符合用兵之所需。

二、如何發揮「聯合」的用兵思維

聯合作戰的方式已是現代戰爭中的基本樣式，也將主導作戰型態的轉變。隨著高科技的發展，聯合作戰的用兵方式應朝下列幾點來思考。

(一) 聯合作戰中「獨立」的新定義

高科技武器的作戰型態，武器系統會朝多元化的方向發展，一件武器裝備可以具備機動、突襲、火力打擊、戰場防護、對空作戰，資訊溝通等多項功能，一套現代武器裝備自身就是一套小型的合成軍隊。⑪例如，美軍第四步兵師的每個士兵都可視為數位化的作戰個

體。所以，當武器裝備向「多功能一體化」的趨勢發展，作戰的指揮運用即須向更高層次上進行協調。簡言之，一套武器裝備可以發揮多元功能的戰力時，所需要的是能操縱這項精密武器的「數位化科技戰士」，因而**武力戰不一定是要有龐大的部隊，才算是大軍作戰**。因此，未來聯合作戰的新思維，將會朝向「**在一個廣大空間內，各個作戰單位的聯合愈加獨立化與分散化**」的方向發展。

（二）**網絡化指揮**

高科技的發展，特別是網絡的出現，能夠把指揮、控制、通信和情報緊密地聯繫在一起。戰場上，從蒐集、處理、研判到分發與運用的過程中，已使每個戰鬥體與網絡相結合。同時，由於各部隊大量使用自動化通訊網路系統，下級指揮官甚至每個戰士在每個通信終端都能與上級指揮官取得聯繫，因而更加便於分散的指揮。[12]因此，用兵方式應加重鏈路的掌握，與進行全方位、全時空的決策、協調和控制。

（三）**機動作戰在聯合作戰中的新思維**

聯合作戰除了要使各個戰力都能發揮統一的效果之外，重要的是，軍隊能借助快速運載工具，廣泛地實施機動，靈活地變換戰法，這已成為未來作戰的基本形

式。所以，美軍2010年的聯戰願景爲「快速的兵力投入、精準的攻擊、全方位的防護與焦距式的後勤」。美軍將「快速的兵力投入」列爲第一項，其主要著眼於如何在聯合作戰中，使各個部隊的機動作戰性能夠發揮。尤有進者，**不要因為高科技武器的大量使用後，使得原先珍貴的機動作戰思想反而變為遲鈍**。

中共對於機動作戰思想喜歡運用毛澤東「運動戰」的觀念。毛說：「打得贏就打，打不贏就走，這就是『運動戰』的通俗解釋，天下沒有只承認『打』，而不承認的『走』的軍事家，而『走』在戰場上往往多於『作戰』的時間……一切的『走』都是爲了『打』。」[13]。所以，在未來高科技的聯合作戰中，由於戰場空間呈現全方位、大縱深、多層次的特徵，「線性」與「非線性」並行的作戰方式以及機動作戰的用兵方式會越受到重視。

本章小結

現代戰爭目的，已經不再是過去的「保存自己，消滅敵人」，戰爭目的轉而變爲「保存自己，控制敵人」

的方向。恩格思指出：「每一個時代理論思維，都是一種歷史的產物，它在不同時代具有完全不同的形式，同時具有完全不同的內容。」⑭

　　軍事觀察家大多認為，軍事理論的變革深受科技武器創新的影響，而科技武器改變戰爭型態又是受到美軍自1980年以來軍事變革的發展所致。自從20世紀80年代以來，美軍首先提出「空地一體戰」的概念，再至1991年波灣戰爭結束後，美軍又提出「五維一體」的聯合作戰、「非線式」、「非對稱」、「非接觸精確作戰」、「網路中心戰」等概念，都是因應科技變革進行作戰方式的創新。⑮無論是中共的認知或是美國的變革，都可證明科技對戰爭型態轉變具有決定性的制約功效。

　　吾人要瞭解一個時期的戰略思維的變革，必須先行掌握各個時期的戰爭價值觀與科技技術的演變，才能理解各個時期用兵方式的發展。

▌▌▌註釋

❶岳嵐、陳志波、古懷濤編，《「打得贏」的哲理》（北京：解放軍出版社，2003年），頁70。

❷沈偉光，《新戰爭論》（北京：人民出版社，1997年），頁119。

❸克勞塞維茲，《戰爭論》（台北：國防部史政編譯室譯印，民國80年），頁2-4。

❹克勞塞維茲，《戰爭論》，頁722-733。

❺劉慶，《西方軍事名著提要》（江西人民出版社，2001年），頁226-236。

❻李德哈達，鈕先鍾譯，《戰略論》，頁345。

❼軍事科學出版社編著，《戰略學》（北京：軍事科學出版社，1987年），頁86-87。

❽沈偉光，〈世界戰爭發展趨勢——減小破壞力〉，詳見李炳彥，《論中國軍事變革》（北京：新華出版社，2003年），頁225-226。

❾王保存，《世界新軍事變革新論》（北京：解放軍出版社，2003年）。

❿沈偉光，《新戰爭論》，頁121。

⓫岳嵐、陳志波、古懷濤編，《「打得贏」的哲理》，頁156-157。

⓬岳嵐、陳志波、古懷濤編，《「打得贏」的哲理》，頁147。

⓭毛澤東，《毛澤東選集》第一卷，（北京：人民出版社，1885年），頁230。

⓮〈軍事思維方式的轉變〉，《學習時報》（北京），2004年4月5日，版3。

⓯李炳彥，《論中國軍事變革》（北京：新華出版社，2003年），頁38-39。

第十章

野戰戰略的未來發展趨勢

趨勢專家托佛勒（Alvin Toffler）依據人類各時期對戰爭中武器使用的不同，將戰爭型態區分為「冷兵器時代」（又稱第一波戰爭型態）、「熱兵器時代」（第二波戰爭型態）及「資訊武器時代」（第三波戰爭型態）。其中以1991年「波斯灣戰爭」發生以後，由於高科技資訊武器廣為運用於戰場之上，使戰場的空間轉變為「五維空間」（陸、海、空、天、電），托佛勒因而稱之為「資訊戰爭時代」，又稱「第三波戰爭」，即屬於「五維空間」的作戰型態。

從托佛勒之言可以得知，科技武器不斷地推陳出新將會帶動新的戰略思維，新的戰略思維將會引起新的軍事革命並帶來新的戰爭型態。是故，戰爭規模的多元性趨勢和高技術的技術發展，將會推動新的用兵理論變

革。本章將以三個節次，針對各種用兵思想與方法的演進，提出相關用兵理論可能的演變，藉以推測「大軍用兵」的未來趨勢。

第一節　「力」、「空」、「時」的轉變運用

「時間增值」、「空間貶值」的用兵操作

在戰爭歷史裡，有很長的一段時間，軍隊機動能力受到地形條件的限制，以致使得時間因素和空間因素具有很強的互換性，軍隊可以運用時間和空間的優越性，以創造有利的戰略態勢。在資訊化戰爭中，上述情況中的質與量都發生了變化，以時間換取空間尚稱可能，但以空間換取時間則很難做到。同時，戰爭節奏明顯加快之下，時間和作戰過程大大縮短了空間的距離。資訊作戰方式講求時效性，它與傳統戰爭動輒經年累月、曠日持久大相其趣。例如，1991年波灣戰爭中，美軍在這場大規模的戰爭中只花費42天即結束了戰爭，而地面作戰

時間更只有短短100小時。再再顯示，**未來戰爭的用兵形態，將會「時間」越來越緊迫，而「空間」越來越廣闊。**

資訊化戰爭中造成時間增值、空間貶值的主要原因，一方面是因為洲際導彈、戰略轟炸機等高技術武器的遠端性、精確性，使遙遠浩瀚的空間已經難以成為作戰行動的障礙，戰場前方／後方界線趨於模糊，因而空間在「貶值」；而另一方面則是戰爭節奏加快，戰場作戰時間縮短，戰鬥呈現出「速決性」特點，因而時間在「升值」。傳統戰爭中，作戰時間以日、月、年計，而現在作戰行動要以小時、分、秒甚至毫秒計。**時間和速度直接影響戰爭成敗，誰輸掉了時間和速度，誰就可能輸掉空間，也就可能輸掉戰爭；誰贏得了時間和速度，誰就能控制空間，也就可能贏得戰爭。**

相對的，在戰爭相關空間日益延伸的同時，實際作戰空間卻在相對縮小。在資訊化戰爭中，依靠資訊網路技術的支撐，通過資訊的有序快速流動，分散在各個不同作戰空間內的作戰行動真正地融合為一體，「天涯咫尺」變成了現實，這就顯著減少了以往戰爭中大量存在的盲目軍事行動，使實際作戰空間明顯縮小。而高精度制導武器的出現和廣泛使用，使得精確火力打擊成為可

能，戰爭的附帶破壞大大減少。在同一個城市中，可能一邊在作戰，一部分百姓還可以過正常生活，交戰雙方的作戰能量被聚集到一個很小的空間裡，這也是實際作戰空間相對縮小的一個重要原因。❶

我們必須突破思維的關隘，**在更新更高的起點上進行戰略謀劃與戰略指導，確立與資訊化戰爭相聯繫的「新戰爭時空觀」，實現從「機械化戰爭思維」向「資訊化戰爭思維」的轉變。**

未來「力」、「空」、「時」轉變趨勢

一、「力」的絕對優勢可操控「時」、「空」的劣勢

戰場上，劣勢的一方想要操弄「時」、「空」的優勢，以改變戰力方面的劣勢，已經越來越難。意謂著，在未來高科技的戰爭中，傳統的「內線作戰」的條件、方式與時機，將越來越難運用在透明化的戰場上。

二、補給線是一條「連續但可以不相連的線（空間）」

傳統用兵中的補給線，是一條明顯的道路或海空區

域，因而爲了維護補給線的安全與暢通，攻守雙方都須花費相當大的兵力、物力才能確保補給線的安全並維護其暢通。尤其，當某一方的補給線受到威脅或將被截斷時，爲了拯救或恢復補給線的安全與暢通，往往須調整其作戰與用兵方式。然而，2003 年美軍對伊拉克的戰役中，對於補給線的維護與威脅對方補給線的方式，是以空中武力的使用以維護之（屬於一種全方位的防護措施）。所以，**「補給線」的意義，在現代戰爭的發展下被賦予新的內涵。**

透過這個新的定義來看，美軍的補給線已不是一條純路線，也無須派兵保護該線的安全（未運送補給品之前，補給線實際上不存在。一旦要使用該補給線，則可依靠其空中優勢及全方位安全維護的方式，以保護補給品能安全運送到前線）。因此，**補給線的維護與操作，將會隨著兵力投射方式的轉變而作調整。**在作戰線的操作方面，美軍的作戰會隨著戰場目標的出現（例如海珊的出現）而調整作戰線，導使美軍的作戰線成爲「隨時可作變換且可向不同方向鋪陳」的方向線。

第二節　新科技；新原則

「集中原則」的新詮釋

　　克勞塞維茲認為，再也沒有比集中自己的部隊更高、更簡單的戰略法則。除非絕對與迫切需要，否則兵力不得脫離本隊。傳統戰爭中的用兵指揮程序，必須於戰前將兵力（部隊）適時適地的集中，以便於將兵力投注在未來的決勝點上。戰略家柯林斯（Commandant Colin）曾說：「軍隊必須集結，而且最大可能的兵力應集中在戰場之上。」[2] 拿破崙也說：「戰爭中的第一個原則就是當所有部隊都已集中在戰場上以後，才可以進行會戰。」[3] 傳統用兵的觀念中，「集中」是一個非常重要的觀念，即使是一個劣勢的兵力，若能有正確的集中與集結，也有機會擊敗一個未能正確集結的優勢兵力。

　　然而，快速的將兵力投射到預想地區，卻降低了將

兵力向某一集中地區集中的必要性。傳統所認為的「將部隊向集中地集中，爾後才能形成戰力的極大化」，此一概念必須從新詮釋，才能符合未來兵力投射（機動）的原則。

一、傳統戰爭中的「集中原則」

拿破崙言：「整個戰爭的藝術是，在決勝點上，我方的戰力較敵方為優。」17至18世紀期間的戰爭型態是屬於熱兵器時代的初期，此時期的作戰型態必須依靠隊形的配合與部隊數量的多寡，才能將兵火力集注於所望的地點，以企圖達成「在決勝點上的戰力較敵人為強」的形勢。進而創造出我方軍隊的整體戰力能發揮至淋漓盡致之境。此外，由於通訊設施須依靠傳騎，才能將命令傳遞至下級部隊，因此在戰場上有相當大的時空障礙，但同時也就給予指揮者一個運作時空因素的可能，尤其在當時情報資訊缺乏的戰場環境制約下，哪一方能比對方在較短的時間內，將兵火力集注在決勝點上，其勝利的機率即較對方為高。

《國軍戰爭原則》的〈集中原則與節約〉說：「作戰中，於決定性之時間、空間，集中絕對優勢戰力指向

敵之弱點而發揮之，尤貴奇襲，乃戰勝之要訣。總兵力較敵劣勢時，更須徹底集中兵力，形成局部絕對優勢，指向局部劣勢之敵，一舉擊滅，再及其餘。」事實上，上述原則反映出最大的爭議點，是有關戰場上「力」、「空」、「時」的問題。作戰中要能集中最大的戰力於決勝點上與敵決戰，是兵家所共有的認識，但是戰力要能適時適地的集注完成，其基礎是建立在對戰場情報的掌握得當。然一旦對戰場情報掌握不當，那麼部隊向某一地區的「集中」，必然會與其他的用兵原則相抵觸。例如，它會與「安全原則」相違背，因為大部隊的集結恰巧是敵軍最易襲擾或集火攻擊的目標。它會與「奇襲原則」相衝突，因為部隊要能發揮出敵所不意的攻擊效果，部隊必須隱密，行動必須靜肅與快捷，否則無法達成奇襲功效，然兵力已完成集中，要想達成上述的效果，實為不易。

　　傳統戰爭對集中的用兵原則，其背後的方法是建立在「知」的領域中。某一方對戰場的認知（敵情、地形、友軍……）程度較另一方為快或準，則可將部隊集注出一股較對方為大的力量，之後再依「強弱原則」打擊對方，爭取勝利。所以，傳統戰爭的兵力集中原則的

知識論，是建立在對戰場環境認知的知識領域之下；至於方法論則是套用所謂「大小原則」的思維邏輯，以作為擊敗敵人的方式而已，對於真正的「集中」僅是一項部隊機動的過程而已，因此不必很刻板地視為一項不可挑戰的用兵原則。

尤其，傳統作戰的觀念是部隊必須從各個不同的駐地，向所規定的地點實施集結，待部隊完成集結後，再由指揮官從接獲命令，進行情報蒐集、分析、判斷……等過程後，再下達命令。部隊再從接命之後，開始向攻擊發起位置前進（進入戰場）。**「集中原則」必須是與下一個軍事行動結合起來**，這樣論述該原則才能顯現出其合理性。**「集中」的目的是為要發揮統合戰力，統合戰力的發揮必須依靠人力、武力與火力等力量的匯合，才能使統合戰力產生最大的效益。**

二、資訊化作戰下的「集中原則」

現代戰爭由於資訊快速發展，戰場透明程度已較冷、熱兵器時代更為清晰，另外火力的投射距離越來越遠，兵力投入速度也不斷加快。現代戰爭已經降低部隊的「不確定性」，並且不斷克服統合戰力的限制因素，

吾人對於「集中原則」的運用,亦必須要有更新的認識。

在資訊化時代的作戰要求下,集中原則仍具價值,惟在作法上必須修改一些內容。首先,必須把「集中原則」與「分散指揮方式」統一起來。「集中使用」與「分散運用」在高科技資訊裝備的支援下,兩者可同時運用在同一戰場之內,只是在某一時間與空間範圍內,孰先使用集中原則或分散原則而已。例如,當一支軍隊無法完全掌握敵方的位置或將要採取何種軍事行動時,軍隊的活動當然以安全為最主要考量,部隊可在指定的疏散地區,進行分散配置。一旦它掌握了「知」及敵情狀況時,此一軍隊理所當然的不須經過集中,即可將部隊部署於適當的時間及空間內,適時將完整的戰力投入到所望的地區,與敵進行決戰。**在一定的條件與時空環境中,「集中」與「分散」兩者都可以進行交換與調整,兩者並非完全獨立的關係,集中指揮方式所強調的是指揮權的「相對集中」,而分散指揮方式則強調指揮權的「相對下放」。❹集中與分散的用兵原則將會單獨或合併使用,才能符合「集中」的真正意涵。**

其次,在現代戰爭中,所謂的「集中」是屬於系統

的整合，其內涵仍為「集」的意義，因為各個系統的整合，都是為了要將最大的武力投入到欲想獲取的目標上，集中原則的「時效性」更成為資訊化作戰的重點。因而**「集中原則」在未來仍將是一項重要的用兵原則，甚至可以稱之為「時效性的集中原則」**。

未來戰爭中的「速決戰」與「持久戰」

在傳統正規作戰的用兵行為中，由於武器性能的發揮，限制在三維的空間中，於是戰略家可以明確運用時間與空間的劃分，以決定速決與持久的戰略作為。但是，科技武器的進步已將戰爭型態帶入到另一種新型的作戰型態之中，未來的戰爭必定是一場多維立體戰爭。敵我雙方不僅要在陸地較量，而且會在陸、海、空、天、電多個領域爭奪主動權。未來速決作戰與持久作戰的運用，必須對傳統的戰爭觀念有所調整，也必須把人民群眾廣泛動員起來、組織起來，才能完善地使用速決作戰與持久作戰的形式。❺換言之，未來作戰已非傳統單純的速決或持久作戰形式。

尤有甚者，在資訊化戰爭中對作戰力量的運用上，

最鮮明的特點是在空間上分散配置、在時間上集中使用。也就是說，作戰雙方都盡可能將己方作戰力量分散配置於全維戰場空間中，**同時通過資訊網路，使這些力量聯成一體，並協調一致的行動，在決定性的時間和決定性的地點，集中優勢力量實施對敵作戰**，這就要求戰爭指導者在時間和空間的配合協調上必須十分準確，以形成強大的聯合戰力，戰勝對手。**❻**

　　受空間壓縮、時間切割的景況下，武力分合的快速發展，將使戰爭中的時間因素與空間因素更為模糊。未來，無論是採取速決或持久的一方，都很難利用或操縱時間與空間因素，也因而將更進一步制約作戰的時機與條件。

「奇襲原則」的演變

　　我方在戰場上的兵力部署，要想出乎敵人的意料之外，必須依靠戰略的奇襲。而戰略奇襲能否成功，除了軍事行動之外，必須要靠政治、外交、宣傳……等部分，都能與軍事行動密切配合。在現代的戰爭中，由於軍事行動經常受到政治的干預，已不容易出現類似二戰

期間的大規模會戰型態。另外，現代戰爭因殺傷性的擴大，軍事行為通常是一種局部性（限制性）的作戰方式，作戰時間因而會變得非常短，應用的範圍也受到限制。在此種情形之下作戰，局部行動必須具有一種大規模突襲的性質，其主要的特點即是強調奇襲和速度。**情報戰與資訊作戰能力的提升，將成為奇襲能否成功的關鍵所在。**

　　法國戰略家薄富爾在其《戰略緒論》所言：「現代戰爭中，奇襲要能做到，首先要針對敵人的弱點，作迅速的猛擊，然後立即加以擴張……而要想保證行動迅速，不僅應有精確的情報和猛烈的執行，更重要的是各個方面都要有最嚴密的準備。」❼由於現代作戰的時程短，整個軍事行動的重點會特別重視「作戰前的準備」。凡是不具「空優」的一方，要想遂行地面作戰的可能性越來越低；而不具「資訊優勢」的一方，企圖使用奇襲的作戰概念也越來越難。

「武力」的意義及其運用之意涵

　　往昔對於武力（武裝部隊）所代表的意涵，乃是指

軍人或經政府任命的警察或其武裝情治人員等,而在武力的使用上,軍隊／警察才具有合法行使暴力的權力。冷戰結束以來的戰爭型態,所謂武力的界定已變寬,它可以是擁有武力的單位或個人,這些對武力的廣泛界定似乎轉變了對於傳統武裝部隊的定義,因此,**對於「武力」的真正意涵有必要再重新界定,才能釐清「大軍用兵」的新觀念。**

現代戰爭中,媒體、宣傳、談判……等技巧早已納入到用兵的範疇中,其目標是在增強軍事力量的發揮效能。此種作法,美軍在上個世紀末期,即已領悟到要將這些課程與技能,納入在武裝部隊訓練與實際操作的維和行動裡,並且排定在其用兵內容之中。[8]誠如美國前國防部發言人貝克所言:「當今,大規模的維和作業充滿複雜性,每位擔任此項工作的幹部均須具有專業素養。」[9]因此,現代戰爭中,「武力」的實際意涵,其實已經包含了多元的意義(包括軍人對媒體的運用、對戰場文宣的掌握……等)。

然而,「武力」的多元意涵,並非是指在武裝部隊的運用上,各種力量都能直接成為武裝部隊的一員,並不是上述力量(政府非軍事部門)介入軍事後,即可取

代武裝部隊。換言之，在現代戰爭中，「武力」與「武裝部隊」不能混為一談，用於戰場上的作戰任務仍為武裝部隊（軍隊）的工作，而為使武裝部隊能在運用上發揮更大的效益，則可在多元化的趨勢下，將「武力」的定義作較寬廣的解釋。

「正規作戰」與「非正規作戰」方式的合併運用

　　「正規作戰」與「非正規作戰」的用兵方式，在大軍作戰中是屬於完全不同的方式。「正規作戰」強調以敵人正規軍隊為目標，也以敵人的有生力量及明顯的戰略要域為主；而「非正規作戰」則是指向敵軍任何標的物，例如敵人的首腦、政治人物或破壞一些軍事設施。在作法上「正規作戰」強調攻城掠地，並須派駐軍隊占領所獲取之目標地域。然而，「非正規作戰」對於上述的需求，則不須派兵占領之。所以「正規作戰」使用的力量，必須是以軍人為主的武裝部隊。反之，「非正規作戰」則不須以正規軍人為主軸，而是以非正規部隊（泛指游擊隊）或特種部隊為主。

　　現代戰爭中由於交戰雙方（或某一方）不希望濫用暴

力，而是控制暴力，目的是要「制服敵人」而非「消滅敵人」，所以如何達成上述的目標，在作戰方式上則會採取多樣式的方法來達成「制服敵人」的目標。美軍2001年在阿富汗的反恐「正義戰爭」，及2003年對伊拉克的戰爭，即是最佳的例證。

2003年美國在伊拉克的戰爭中的「斬首」行動，雖是以正規武力遂行（用兵）的行為，然而，美軍的用兵形式實屬於「超限戰」或「非正規作戰」的方式。尤其，美軍在作戰前、中或後期，對於伊軍軍隊招降納叛的作為，都充分顯示「武力」的使用方式已非純屬武裝部隊的運用而已。美軍在作戰中，原本先設定的目標，會因為在戰爭過程中不斷出現的新資訊，而立即轉變其攻擊目標。美軍的作為是將傳統「野戰戰略」用兵方式與現代科技的運用，作了更為活潑的結合。

不可諱言，「非正規作戰」目標設定的用意，是要在戰爭中對暴力的使用增添限制因素。「斬首」意味儘速結束戰局，避免戰爭的範圍波及無辜百姓，未來戰爭目標的設定將會越來越限定其地區範圍，而且對於軍事暴力的無限使用，也將會不斷限定其使用範疇。「正規作戰」與「非正規作戰」的運用方式，可同時併用在同

一個「戰場」之上。同樣的景況，美國2001年在阿富汗的「反恐戰爭」，美軍將「獵殺賓拉登」作為戰爭所欲達成的最後目的。再再顯示，未來戰爭雖以正規部隊的部署為考量，然在操作上會結合「正規作戰」與「非正規作戰」的綜合運用。**「野略」的目標設定也將以「儘速結束戰爭」為主要考量，至於「殲滅敵人有生力量」，則是在不得已狀況下，才會考量使用。**

「統一指揮原則」的新詮釋

《國軍戰爭原則》的〈統一原則〉為：「對同一敵人或同一目標之作戰，無論各軍種、各兵種乃至全民總體作戰，必須統一指揮，在單一之指揮官統率下，以協同一致之行動，達成共同之使命。」[10]統一指揮原則的假設前提，是在瞬息萬變的戰場上，在對敵情無法掌控的情況下，為避免兵力成為無效兵力或避開可能被敵各個擊滅之虞。是故，採用統一指揮原則，主在使我軍統合戰力能適時發揮其力量。此種概念來自於《孫子兵法》〈軍爭篇〉中所謂：「夫金鼓旌旗者，所以一人之耳目也；人既專一，則勇者不可獨進，怯者不得獨退，此用

眾之法也。故夜戰多火鼓、晝戰多旌旗，所以變人之耳目也。」無庸置疑，指揮是敵我雙方作戰過程中的必備條件，戰鬥中任何一方無不用盡各種方式使自己指揮通暢，並設法讓對手的指揮系統失去效用，以達制敵機先的功能，此乃孫子對統一指揮真正的意涵。

指揮的本質，實為一種控制過程，構成此一過程的基本要素有三：「指揮者」、「傳遞信息的媒介」（包括了指揮、管制、資訊、通信、情報、偵察、蒐集（C4ISR）等因素的組合）、「指揮對象」。[11]三者的關係是以「指揮者」為主體，「被指揮者」為客體，而主客之間的聯繫與互動則依靠訊息傳遞系統功能的發揮。而由三者之間所產生的互動關係可以得知，指揮具有以下三種特性：首先，指揮具有「控制論」[12]的一般特性；其次，指揮具有敵我對抗的特性，雙方都是在爭取時間與空間的優勢，並且設法使對方的時空優勢降低；最後，指揮的過程具有預測與判定標準的相對性，因為戰場情報的獲得、判定到運用是一個預測與判斷的過程，其間充滿了「確定」與「不確定」的矛盾，此種矛盾又是敵我雙方都同時存在的智力對抗行為。[13]欲明晰現代戰爭中的指揮特性，必須從指揮的本質及構成指揮的相

關要素著手，才能掌握與發揮指揮的功能。

　　以往的統一運用原則，受制於資訊不能充分共享，不得不使用分散式指揮方式。現代戰爭受高科技資訊所帶來的益處，使人與人之間、單位與單位之間的溝通與信息傳遞越來越便捷，也大大縮短了前方與後方的距離。在一個資訊可以共同分享的前提下，前方情報的蒐集、處理與運用原則，同樣地在大後方的政治領導者與軍事指揮者可以同步獲取。尤有甚者，後方政治領袖對於政治情報的掌握，與國際間一些干擾與限制因素，都較前方的掌握更爲確實。**在資訊情報資料都能確實掌控之下，「前方」與「後方」已無明顯分別，統一指揮，分權負責的獨立作戰概念，將在未來的用兵型態中更具實質意義。**

第三節　未來用兵方式的展望

「四合一」的用兵新型式

　　從時代潮流的發展趨勢來看，未來作戰方式的演

變，對於戰爭的型態，除了受科技武器的影響外，最重要是來自時代價值觀與戰爭觀的改變。未來的戰場將在大縱深、高立體的空間上，實施高度的機動作戰，作戰過程將會持續壓縮時間與空間，指揮和行動的速度也會出現許多的新特點。其中最大的特色即是戰爭的運用與進行，將受到政治以及各種「非武力作戰」因素的外在影響。

　　現代戰爭中，高科技武器殺傷力固然驚人，然大規模殺戮行為是不允許的戰爭行為。再者，機動快速的部隊雖可從任何方向投入兵力，但仍無法完全控制飄浮不定的「非正規作戰」武裝力量（例如恐怖攻擊）。精密的資訊設備可將戰場變為透明化，卻不能完全抵擋得了駭客的入侵。新型的用兵形式將會是科技與政治相互結合的用兵方式，單一的科技武器、單一的資訊化裝備、單一的戰場都將無法完全滿足未來戰爭的需求。**未來的用兵形式，必然是政治作戰、資訊作戰、機動作戰、機械作戰「四合一」的用兵新型式。**

武力使用的多元化

　　未來的戰爭型態將會從「機械化」走入「資訊化」，「資訊戰」將是人類進入資訊時代所出現的新戰爭型態，也將成為世界上主要的戰爭型態。**所謂的「資訊化戰爭型態」，實質上是將資訊裝備與機械性的武器相互結合，是資訊工業與機械工業相結合的戰爭型態，因而是一種相互並存的「多種戰爭型態」。**2001年在阿富汗及2003年在伊拉克的美軍，運用特種部隊遂行的攻擊行動，即是一個機械化（傳統）與資訊化（現代）相結合的戰爭型態。

　　正如托佛勒所言：「當新戰爭型態崛起時，舊有的並不會就因此而徹底消失，正如同隨著第三波文明特製產品的登場，第二波文明的大量生產方式，也不會就此消失。」❹、「只要一些貧窮又火爆的國家，軍火庫中還充斥著低科技，低準度的武器，『笨拙』而非『聰明』的戰車與大砲，諸如地下碉堡、人頭數目的軍隊、前線攻擊，這些第二波戰爭的方法與武器，就一天不會消失。」❺。**未來的「野戰用兵」不會因科技武器的改變，而**

降低傳統的用兵方式。反之，用兵原則會隨著科技武器的精進、戰爭型態的變化，而不斷增添新的概念。「大軍用兵方法」在演化過程中，會不斷淘汰不合時宜的思維或作戰方式，也會繼續融合一些原有的理論與新式的觀念，更會保有一些仍然適用的「眞理」，用兵的原理原則仍將是一個「辯證」及「揚棄」的發展過程。

本章小結

創新的思維必須依據人的知識以及所導引出來的思維去作改革，而不是從自身的改良機制中去尋找突破口。❶ 未來「野戰戰略」的用兵方式必須不斷地向前延伸，必須融合不同的戰略思維，更要結合現代的管理、科技、社會科學等多元化的學科。重要的是，要能打破原有的缺陷與不符合時代的觀點，不斷調整、精進該方面的知識。鑑於此，研析「野戰戰略」的未來發展，必須以開放的思維，參酌各種有用的研究方法與用兵方法，才能使「野略」的用兵方法更加開闊。

上述學科的精進，實際上與辯證法則的方法有異曲同工之妙。辯證法則的功能是藉由不斷的否定、揚棄、

肯定，再昇華到另一個嶄新的境界。它對兵學知識的增長、演進，或對於實際從事指揮用兵的戰場實務者而言，是一項極為重要的方法。「野戰戰略」的未來發展也唯有運用辯證的法則，才能促使兵學知識體系產生革命性的變革，最終方能適應時代潮流的發展。

　　吾人在研究未來的用兵思想，必須有以下幾點體認：第一，兵學思想的主要貢獻是作為用兵研究的專業學科，及作為修鍊領導者用兵指揮的涵養；第二，兵學的原理原則是作為檢驗一切戰爭優劣缺失的標準；第三，兵學的知識體系是建基在過去戰爭的經驗之中，它會隨科技與戰爭型態的轉變而不斷充實其內涵，而一切的改變又必須是以既有的「經驗性知識」為基礎；第四，用兵的思維理則絕非一成不變，而是隨著時代環境與武器裝備的更迭來作調整。總的來說，創新「大軍用兵」的思想與方法，須不斷發揮以人為主的「主觀能動性」與瞭解戰場環境的「客觀性」，並須將兩者視為「相互保證、相互證成」的循環關係，才能深入習得兵學思想與用兵方法的精髓。

▋▋註釋

❶《國防報》（北京）2004年4月8日 第3版。

❷富勒，鈕先鍾譯，《戰爭指導》（台北：麥田出版社，1996年），頁63。

❸富勒，鈕先鍾譯，《戰爭指導》，頁64。

❹岳嵐，《高技術戰爭與現代軍事哲學》（北京：解放軍出版社，2000年），頁179-180。

❺馬景然，〈高技術條件下人民戰爭需創新〉，《國防報》（北京），2003年12月2日，版6，www.chinamil.com.cn/site1/jsslpdjs/2004-09/13/content_12517.htm

❻熊玉祥，〈戰爭時空：在不斷嬗變中獲得新質〉，《國防報》（北京），2004年8月8日，版8。news.xinhuanet.com/mil/2004-04/08/content_1407051.htm

❼薄富爾，鈕先鍾譯，《戰略諸論》（台北：麥田出版社，1996年），頁155-156。

❽〈和平藝術，美國戰爭學必修課程〉，《中國時報》，1999年8月7日，版3。

❾同上註。

❿《國軍軍事思想》（台北：國防部編，2001年12月），頁3。

⓫岳嵐，《高技術戰爭與現代軍事哲學》，（北京：解放軍出版

社，2000年），頁142-143。

⓬所謂「控制論」是指，一個系統包括三個基本要素；施控者、授控者以及施控者向授控者傳遞物質、能量和信息的傳遞者。詳閱，梁必駿，《軍事哲學教程》（北京：軍事科學出版社，2000年）頁84。

⓭岳嵐，《高技術戰爭與現代軍事哲學》，頁141-143。

⓮艾文・托佛勒，《新戰爭論》（台北：時報文化出版社，1993年），頁111。

⓯艾文・托佛勒，《新戰爭論》，頁110。

⓰童偉兵，〈新軍事變革之「新」〉，載於《論中國軍事變革》（北京：新華出版社，2003年），頁157。

參考書目

壹、中文書目與期刊

一、專書

國防部頒，《國軍軍語辭典》（台北：國防部，2000年11月）。

國防部頒，《國軍統帥綱領》（台北；國防部，2001年12月）。

國防部編，《國防部聯合作戰研究委員會會史》（台北：國防部，1970年2月）。

《陸軍作戰要綱——大軍指揮》（桃園：陸軍總部印頒，1989年）。

二、中文書目

Cohen著，林奇同譯，《在中國發現歷史》（台北：稻鄉出版社，1999年）。

Joan Magretta，李田樹譯，《管理是什麼》（台北：國防

部史政編譯室，2002年）。

Liddell-Hart B. H. 著，鈕先鍾譯，《戰略論》（台北：三軍大學，1989年）。

Neuman, W. Lawrence著，王佳煌、潘中道等譯，《當代社會研究法》（台北：學富文化事業有限公司，2002年）。

Neuman, W. Lawrence著，朱柔若譯，《社會研究方法》（台北：揚智出版社，2000年）。

Murry, A. R. 著，王兆荃譯，《政治哲學引論》（台北：幼獅，1969年10月）。

《三軍大學野略三部講義——教官說明案》，（桃園：國防大學戰略學部講義，2004年）。

三軍大學編，《中外重要戰史彙編》上、中、下冊（龍潭：三軍大學編印，1998年8月）。

于國華，《現代進攻戰役主要問題研究》（北京：國防大學出版社，1998年6月）。

王玉民，《社會科學研究方法與原理》（台北：洪葉出版社，1994年）。

王保存，《世界新軍事變革新論》（北京：解放軍出版社，2003年）。

王厚卿，《戰役發展史》（北京：國防大學出版社，
　　1992年6月）。

列寧，《列寧選集》（第38卷）（北京：新華出版社，
　　1991年）。

吉賀正浩，張昭譯，《哲學入門》（台北：水牛出版
　　社，1998年10月）。

成田賴武，李浴日譯，《克勞塞維茲戰爭論綱要》（台
　　北：黎明出版社，1990年）。

朱浤源，《撰寫博碩士論文》（台北：正中書局，1999
　　年）。

西迪，《戰略文化與不對稱衝突》（台北：國防部史政
　　編譯室，2004年）。

佛洛姆，《精神健全的社會》（台北：志文出版社，
　　1976年）。

冠青，《理則學與唯物辯證法》（台北：黎明出版社，
　　1978年4月）。

余伯泉，《兵學言論集》（台北：三軍大學，1974年10
　　月）。

克勞塞維茲，鈕先鍾譯，《戰爭論》（台北：三軍大
　　學，1989年）。

岳嵐、陳志波、古懷濤主編，《「打得贏」的哲理》（北京：解放軍出版社，2004年1月）。

岳嵐，《高技術戰爭與現代軍事哲學》（北京：解放軍出版社，2000年）。

沈偉光，《不規則戰爭》（北京：中國工人出版社，2003年9月）

沈偉光，《新戰爭論》（北京：人民出版社，1997年）。

吳九龍、吳如嵩，《孫子校譯》（北京：軍事科學出版社，1991年）。

吳如嵩，《中國古代兵法精粹類編》（北京：軍事科學出版社，1988年）。

吳福生譯，《資訊時代的戰爭原則》（台北：國防部史政編譯局，1999年）。

吳琼，夏征難，《論克勞維茲戰爭論》（上海：上海教育出版社，2002年）。

李炳彥，《論中國軍事變革》（北京：新華出版社，2003年）。

李啓明，《戰略精萃》（台北：中央文物供應社，1980年12月）。

李際均，《軍事戰略思維》（北京：軍事科學出版社，

1996年）。

李際均，《軍事理論與戰爭實踐》（北京：軍事科學出版社，1994年）

汪國禎，《余伯泉將軍與其軍事思想》（台北：中華戰略學會出版社，2002年12月）。

周何主編，《國語活用辭典》（台北：五南出版社，2001年）。

姚有志，《第二次世界大戰戰略指導教程》（北京：軍事科學出版社，1997年）。

姚有志，《二十世紀戰略理論遺產》（北京：軍事科學出版，2001年）。

約米尼，鈕先鍾譯，《戰爭藝術》（台北：麥田出版社，1996年）。

約翰‧柯林斯，《大戰略》（北京：軍事科學出版，1978年）。

美國戰爭學院編，《中共的信息戰、反恐作戰與其戰略文化》（桃園：國防大學，2004年）。

美國陸軍參學院編，《指作戰綱要》，〈美國陸軍FM100-5號野戰條令〉（北京：軍事科學出版社，1986年10月）

軍事科學院外國軍事研究部編，《美軍作戰手冊》（北京：軍事科學出版社，2000年）。

夏征難，《毛澤東軍事方法學》（北京：軍事科學出版，1985年）。

孫繼章，《戰役學基礎》（北京：國防大學出版社，1990年）。

柴熙，《哲學邏輯》（台北：台灣商務印書出版社，1977年10月）。

袁品榮、張福將，《享譽世界的十大軍事名著》（北京：海潮出版社，1998年）。

馬保安、郭偉濤，《戰略理論學習指南》（北京：國防大學出版社，2002年）。

高鵬，《戰略理論創新問題研究》（北京：國防大學出版社，2003年）。

張興業、張站立編，《戰役謀略論》（北京：國防大學出版社，2002年）。

梁必駸，《軍事方法學》（北京：國防大學出版社，1900年）。

梁必駸，《軍事哲學教程》（北京：軍事科學出版社，2000年）。

《現代漢語詞典》（北京：商務印書館，1996）。

陳偉華，《軍事研究方法論》（桃園：國防大學出版
　　社，2003年）。

富勒，《西洋世界軍史》1-3冊（北京：軍事科學出版，
　　1981年）。

富勒，鈕先鍾譯，《戰爭指導》（台北：麥田出版社，
　　1996年）。

彭光謙、姚有志，《戰略學》（北京：軍事科學出版
　　社，2001年）。

鈕先鍾，《戰略研究入門》（台北：麥田出版社，1998
　　年）。

鈕先鍾，《孫子三論》（台北：麥田出版社，1996年）。

鈕先鍾，《國家戰略論叢》（台北：幼獅文化事業出
　　版，1984年）。

鈕先鍾，《現代戰略思潮》（台北：麥田出版社，1996
　　年）。

鈕先鍾，《西方戰略思想史》（台北：麥田出版社，
　　1995年7月）。

馮之浚、　張念椿，《現代戰略研究綱要》（浙江：浙江
　　教育出版社，1998年）。

黃瑞祺，《現代社會學結構功能論選讀》（台北：巨流
　　圖書公司，1981年9月）。

楊春學，《經濟人與社會秩序分析》上冊（上海：三聯
　　書店，1998年）。

葉至誠，《社會科學概論》（台北：揚智出版社，2000
　　年）。

葉至誠、葉立誠，《研究方法與論文寫作》（台北：商
　　鼎文化出版社，2001年）。

過毅、王衛星，《中國古代戰略理論》（北京：軍事科
　　學出版，2004年）。北京：軍事科學出版，1988年）

趙雅博，《知識論》（台北：幼獅文化出版社，1979年3
　　月）。

劉慶，《西方軍事名著提要》（江西人民出版社，2001
　　年）。

劉衛國，《戰爭指導與戰爭規律》（北京：解放軍出版
　　社，1995年）。

潘光建，《孫子兵法別裁》（桃園：陸軍總部出版，
　　1990年）。

魯登道夫，《總體論》（北京：解放軍出版，1988年）。

學習時報編，《軍事思維方式的轉變》（北京：學習時

報，2004年4月5日）。

薄富爾，鈕先鍾譯，《戰略緒論》（台北：麥田出版
　　社，1996年）。

魏汝霖，《孫子今註今譯》（台北：台灣商務印書館，
　　1989年）。

三、中文期刊

馬景然，〈高技術條件下人民戰爭需創新〉，《中共國
　　防報》，2003年12月2日，版6。

胡敏遠，〈野略思維理則──理性選擇途徑之研究〉，
　　《國防雜誌》，第19卷第12期，2004年12月。

鄭端耀，〈國際關係「新自由制度主義」理論之評
　　析〉，《問題與研究》，第36卷12期，1997年12月。

熊玉祥，〈戰爭時空：在不斷嬗變中獲得新質〉，《國
　　防報》，2004年8月8日。

貳、英文書目與期刊

Buzan Barry., An Introduction to Strategic Studies (London:
　　Macmillan Press, 1987).

Clausewitz, Carl von On War, trans by Michael Howard and

Peter Para (Princeton University Press, 1989).

Colin S. Gray: Modern Strategy (Oxford: Oxford University Press, 1999).

Cuff, E.C. W.W. Sharrock, Francis, D.W. Perspectives In Sociology (London: Routledge Press, 1998).

Fuller,J. F. C. The Conduct of War, 1789-1961 (Rutgers, 1961).

Liddell-Hart, B. H., Strategy: The Indirect Approach (Faber and Faber, 1967).

Lukacs, George History and Class Consciousness (Lambridge, Mass: MIT Press, 1971).

Snyder,G. H. Deterrence and Defense (Princeton University Press, 1961).

Stein,Janis G. & Tanter, Raymond Rational Decision-Making: Israel's Security Choices 1976 (Ohio: Ohio State University Press, 1980).

國家圖書館出版品預行編目資料

野戰戰略用兵方法論 / 胡敏遠作. -- 初版. --
　　臺北市：揚智文化, 2005[民95]
　　面；　　公分
　　參考書目：面
　　ISBN 957-818-785-8（平裝）

　　1. 戰術

592.51　　　　　　　　　　　　　95004549

野戰戰略用兵方法論

作　　　者／胡敏遠
出　版　者／揚智文化事業股份有限公司
發　行　人／葉忠賢
總　編　輯／林新倫
責任編輯／許峻偉
登　記　證／局版北市業字第1117號
地　　　址／台北市新生南路三段88號5樓之6
電　　　話／(02)2366-0309
傳　　　真／(02)2366-0310
郵撥帳號／19735365　戶名／葉忠賢
網　　　址／http://www.ycrc.com.tw
　E-mail　／service@ycrc.com.tw
印　　　刷／鼎易印刷事業股份有限公司
法律顧問／北辰著作權事務所　蕭雄淋律師
　I S B N　／957-818-785-8
初版一刷／2006年4月
定　　　價／新台幣280元